妖怪でもUMAでもない？

怪奇動物図鑑

穂積昭雪＝著

Akiyuki Hozumi

はじめに

本書は明治・大正・昭和期の日本で目撃された「怪奇動物」について考察する図鑑である。筆者が定義し本書で紹介している「怪奇動物」は、妖怪（人の理解を超えた不思議な現象や不気味な物体）やＵＭＡ（目撃例や伝聞はあるが、実在が確認されていない生物）に近い存在ではある。

だが、本書では「現在では正体が明らかになっている動物」ないしは「様々な事情で奇異的に記録されてしまった動物」を総じて「怪奇動物」と呼ぶことにしている。言うなれば、歴史の闇に埋もれてしまった謎の動物たちの記録だ。

日本は周囲を海で囲まれた島国であり、多種多様な日本固有種（主に日本でしか見ることができない生物）が生息する国として知られている。その一方、日本は長年に渡り鎖国を行ってきた影響もあり、海外や自分の住んでいる地域以外の動物を知る機会が少なく、現代人に比べて動物の知識が不足していた。

明治時代に入ると上野動物園をはじめとする動物園が開園し、日本人の動物に関する知識は大幅にアップする。だが、それでも多くの日本人は自分たちの知らない動物を妖怪や怪獣の類いと考え表現していたようだ。その傾向はマスコミも同様だったようで、明治時代に発行された新聞の記事には「怪獣が現れた」「怪物の仕業か」といった見出しが多く並んでおり、まるでSF映画の世界にでも迷い込んだかのような感覚を覚える。

本書では主に明治・大正・昭和時代に発行された新聞・雑誌に掲載された怪奇動物を陸・水・空に振り分け、現地取材や文献調査で出来る限り正体を明かすことを試みた。正体に関しては、様々な可能性を考慮したが、元記事の情報によっては現在の見地でも正体が不明な動物ほか、まさしく未確認生物としか表現できない動物も収録しているが、これらは将来的に正体が明らかとなることを願いあえてそのまま掲載している。

明治・大正・昭和の「怪奇動物」を巡る冒険へ出かけよう！

2025年1月31日　穂積昭雪

※本書に収録している怪奇動物のイメージ図版は生成AI（Adobe Firefly）で作成しています。
※本書掲載の情報は2025年1月現在のものです。
※他の掲載写真は取材当時のものです。
※敬称は一部を除き省略しています。

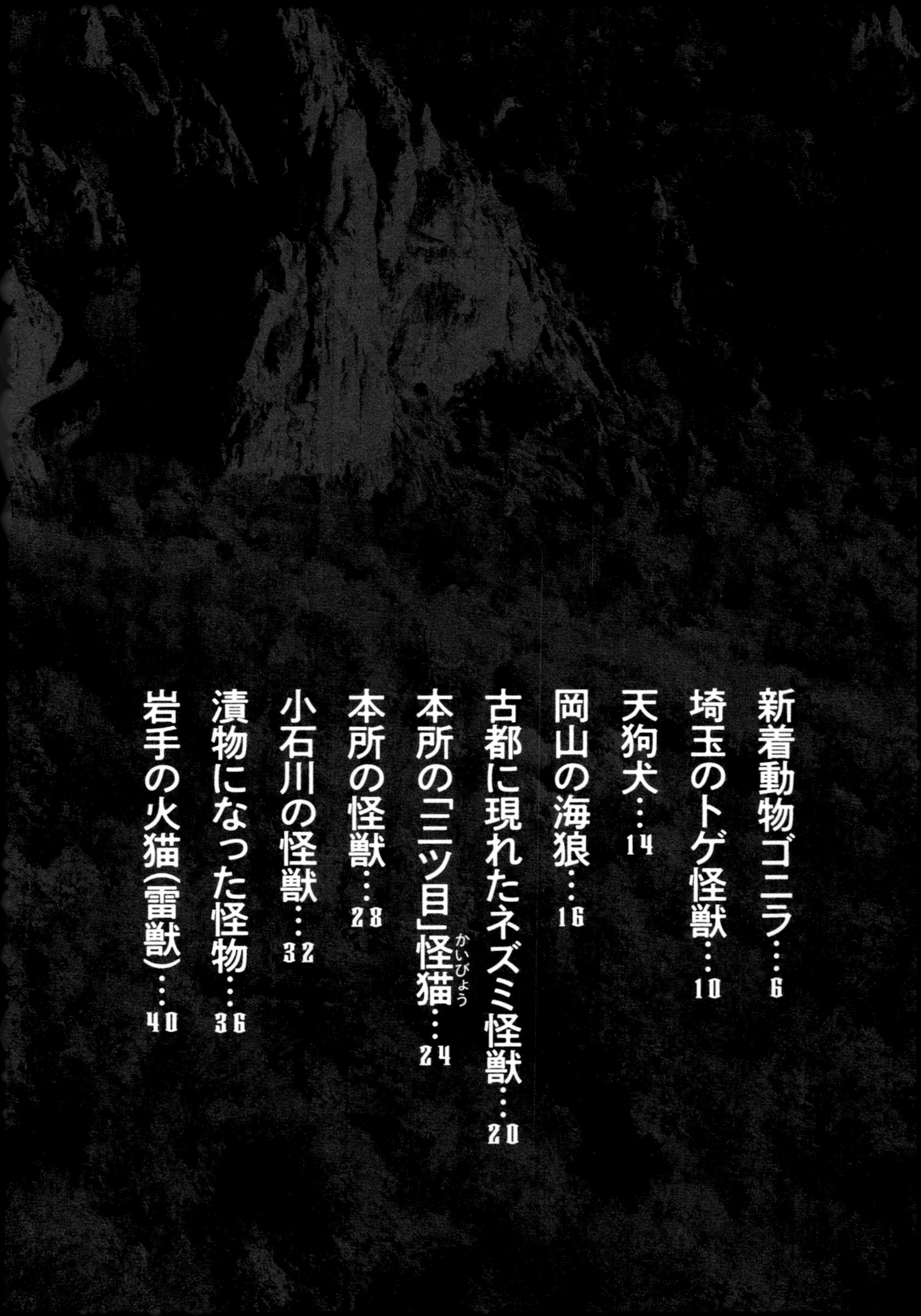

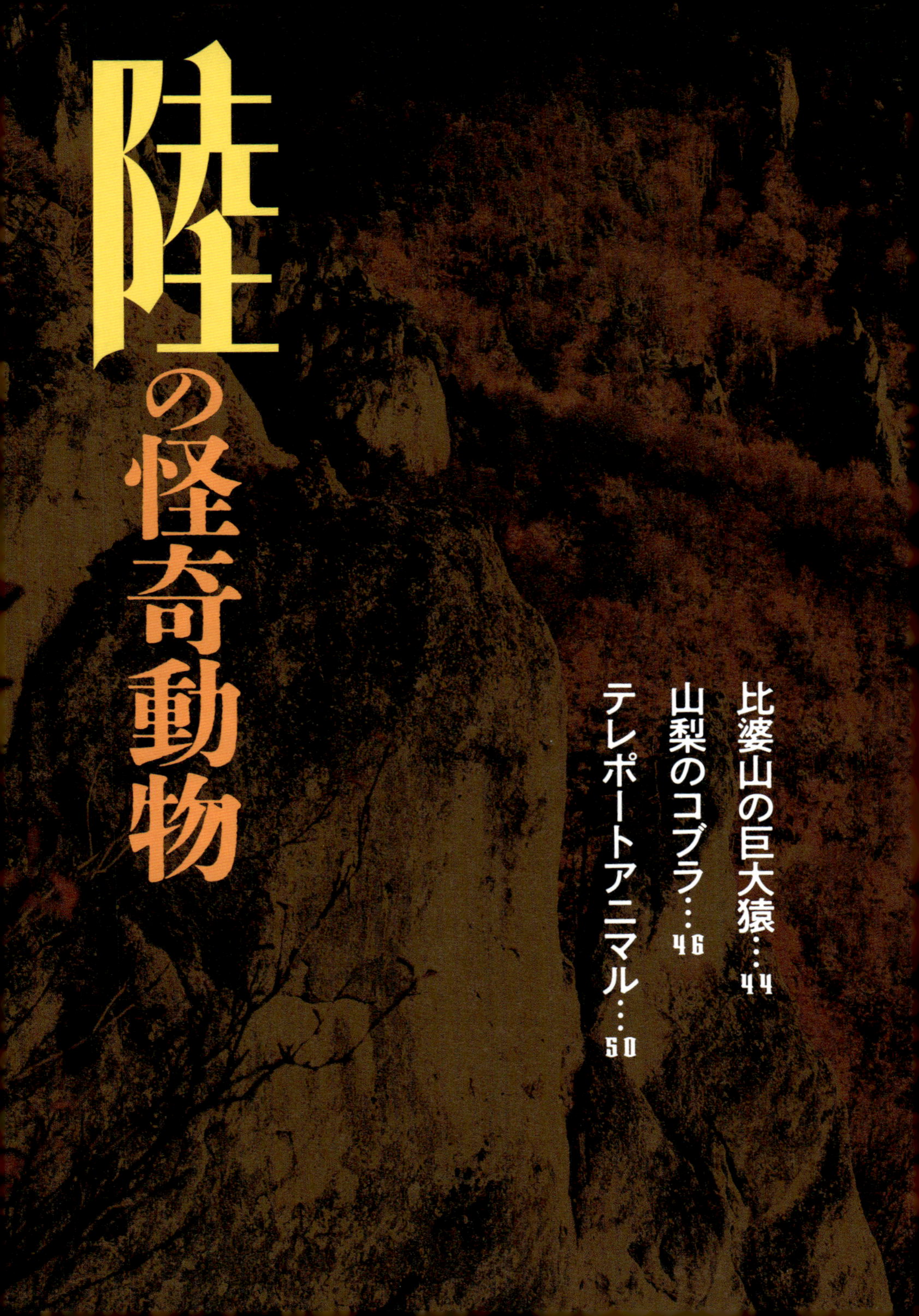

陸の怪奇動物

浅草に出現！その存在は歴史を大きく変える？

新着動物ゴリラ

明治時代の浅草で飼われていた謎の怪獣

大きさ✸不明
重さ✸不明
目撃場所✸東京都・浅草花やしき
出典✸1911年11月11日の在京新聞、ほか

新聞に掲載された花やしきの広告

改築落成
十一月一日より晝夜開園
菊花滿開
▽神橋▽山岳あり紅葉盛りなれば秋の日光に遊ぶが如し
新着動物ゴニラ
在來の動物は壯健にして其他珍鳥、花卉、盆栽啦山
活人形差替へ
餘興 バレエシロン マリオネット 清國人大石割 其外種々
淺草公園
花屋敷

解説

1911年（明治44年）11月11日の在京新聞に登場した、謎の広告「ゴニラ」。ゴリラではなく「ゴニラ」である。現代の感覚からすればゴリラの書き間違いとつい思ってしまうが、ゴリラが日本へやってきたのは昭和29年（1954年）のことなので、もしゴリラだとすれば日本の動物渡来史が大きく変わってしまう。

また、喜劇役者の榎本健一は、大正時代に「浅草

花やしきでゴリラを見た」と証言しており、明治末期〜大正時代の花やしきでは日本人には馴染みのなかったゴリラのような巨大な猿が飼育されていた可能性が高い。

外来種の猿と誤認？

ゴリラは19世紀になってから発見された比較的あたらしい動物である。日本には戦後になってから初来日したが、実は戦前にも輸入計画があった（こちらは頓挫している）。

國産振興北海道拓殖博覧會
久し振りの大博覧會
•場内の呼物•
獨逸人カール・ライネルト氏
人間大砲
活きた人間を巨砲で大空に打上ぐ空前の放れ業
世界一の大女
テレル夫人の曲藝
グロテスクなチンパンヂー
人間と同一の技を演ずる「ゴリラ」
演藝舘の主な出物
伊井蓉峰
明石潮
石井漠
ジャズ、ナンセンスレヴュー
札幌藝妓の踊
お伽の天國夢の境
子供の國

1931年に北海道で開催された博覧会の記念絵葉書。ゴリラの見世物が確認できる

浅草花やしきに来着した「新着動物ゴニラ」が現在の我々がよく知るゴリラであったかどうかは不明だが、明治～戦前にかけての日本人はチンパンジーやオランウータンといった外来種の猿の区別があまり付いていなかったようで、新着動物ゴニラもゴリラだったわけではなく、**ゴリラに似た別の外来種の猿を「ゴリラである」と言い張っていた可能性が高い。**

だが、新着動物ゴニラの他にもゴリラらしき巨大な猿が見世物にされていたデータがあり、今後の調査・研究が待たれるところだ。

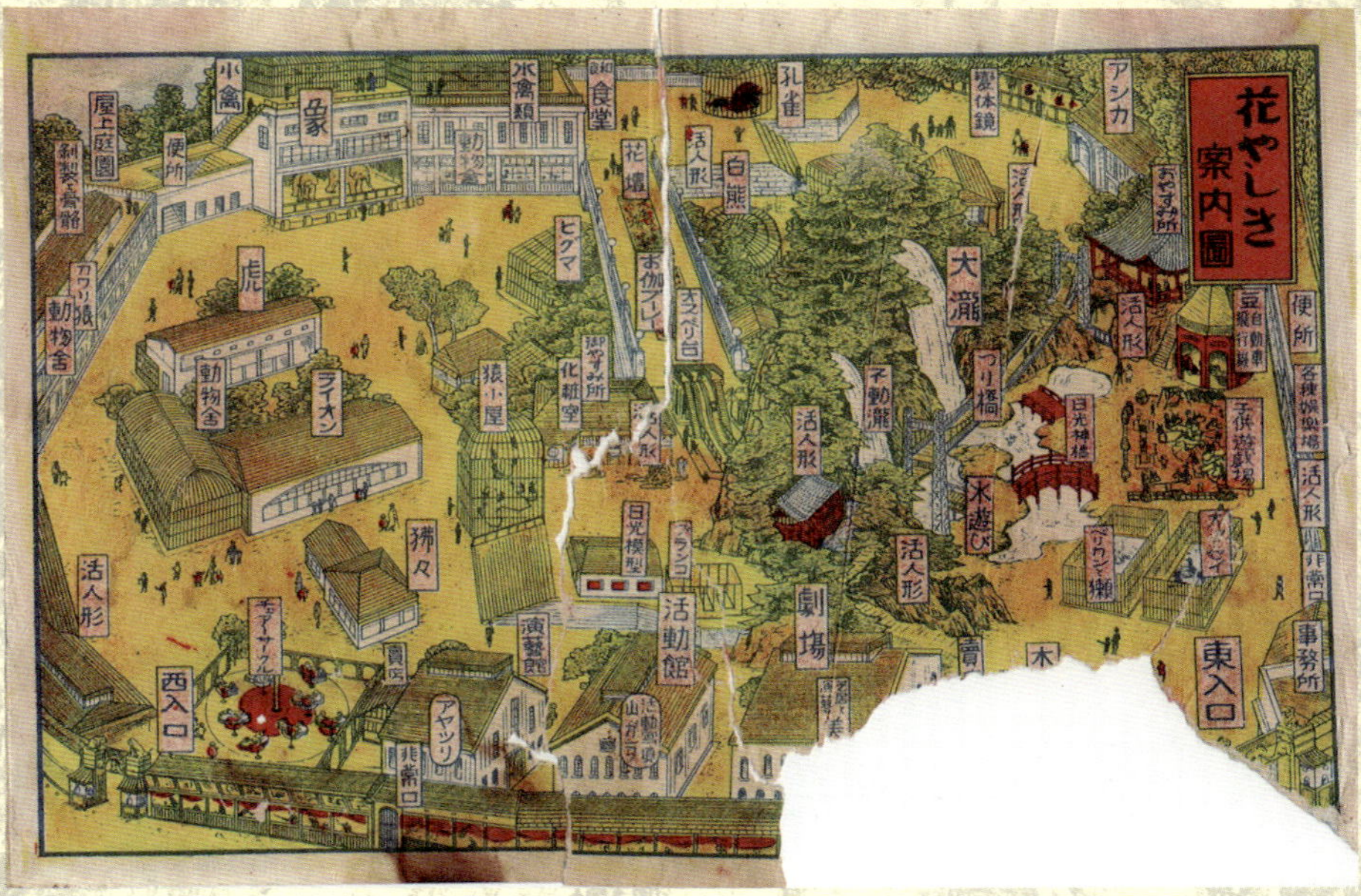

昭和初期に発行された浅草花やしきの案内図。ゴリラの名前はどこにもない

埼玉のトゲ怪獣

ハリネズミに似た怪獣が現れた

上野動物園もお手上げだった

解説

1899年（明治32年）10月11日、都新聞に掲載された記事である。

同年9月16日、埼玉県大里郡に住む長島安太郎が奇妙な怪獣を捕まえた。名前がわからないので、箱詰めにして上野動物園へ持参し鑑定を待っていたが、上野動物園でも「何の動物かわからない」「飼育方法がわからない」とし受け取りを拒否されてしまった。困った安太郎は、東京市にある都新聞本社へ怪獣を持ち込み、記者たちに披露したという。

その怪獣は子犬くらいの大きさで、背面には斑黒色の鋭い2寸（6センチ）ほどのトゲが生えており、ハリネズミに似ているが腹の色は黒く、亀の甲羅ないしはイノシシのようであった。口元はアヒルのくちばしを長くしたような形をしており、4本の足は黒く、（人間の）赤子の手のひらのような形をしていたという。

大きさ✸子犬ほど
重さ✸不明
捕獲場所✸埼玉県大里郡桜沢村（寄居町）
出典✸都新聞

正体はオーストラリアの〝あの〟動物？

明治時代、東京近郊に住む人たちは、動物関係でわからないことがあれば上野動物園へ動物を持参し、相談を受けていたという。この「埼玉の怪獣」は、当時の上野動物園の職員たちが、思わずサジを投げてしまうほどの異形な姿をしていたようで、なんと受け取りそのものを拒否されてしまっている。

怪獣は都新聞社へと持ち込まれ採寸が行われたのだが、都新聞紙上でも怪獣の正体については特に触れられていないため、やはり何の動物だったのかはついにわからなかったようだ。

この怪獣の正体は「ハリモグラ」ではないのか、というのが筆者の見立てだ。なぜか。

それは「ハリネズミに似ている」と言及があったからだ。つまり都新聞の職員たちはハリネズミという動物を知っていた、ということであり、ハリネズミに似た動物といえば、ハリモグラないしはヤマアラシの2種類しか該当がない。決定的なのはクチバシの形状である。「口元はアヒルのくちばしを長くしたような形をしており」と書かれており、**この条件を満たす動物はハリモグラしか該当しないのだ。**

ハリモグラはオーストラリアおよびタスマニア、ニューギニア島南東部などに生息する動物で、大きな特色は「単孔類」と呼ばれる卵を産んで子どもを育てる唯一の哺乳類である点だ。この単孔類は、ハリモグラのほかにはカモノハシしか確認されておらず、世界的にも大変に貴重な動物である。上野動物園でハリモグラの展示がはじまるのは「埼玉の怪獣」が捕獲される1年後の1900年（明治33年）からであり、上野動物園の職員が受け取りを拒否したのも、**これまで見たことのないハリモグラが正体ならば納得ができるのである。**

だが、当然、疑問は残る。ハリモグラはオーストラリアほか、一部諸国にしか生息しない動物であり、なぜハリモグラが日本の埼玉県にいたのか理解に苦しむ。誰かが密輸入したハリモグラを埼玉の高原に放ったとでもいうのだろうか？

UMAの世界では本来、その場にいない動物が目撃されることを「テレポートアニマル」と呼ぶ。この「埼玉の怪獣」は、明治時代に発生したテレポートアニマルの一例なのかもしれない。

ハリモグラ（※撮影 D. Gordon E.Robertson）

「読売新聞」1931年6月2日号に掲載された「かもはし」なる動物。カモノハシの誤植だろうが、写っているのは同じ単孔類のハリモグラであるため、日本人は長らくカモノハシとハリモグラを混同して認識していたようだ

めづらしい動物

兵庫神戸市の某家で誕生
天狗犬

大きさ・重さ✸ 子犬ほど
捕獲場所✸ 兵庫県神戸市
出典✸ 1896年12月13日「都新聞」

の取調を受けたる由
●天狗犬 此は兵庫縣神戸市字治野町の某方にて飼犬が產落したる數頭の子犬の中に左に掲ぐる圖の如きもの三頭あり其鼻、嘴にある鴉天狗に

カラス天狗に似た三匹の子犬

1896年（明治29年）12月13日の都新聞に掲載された謎の犬。兵庫県

解説

神戸市の某家で誕生した三匹の子犬が「カラス天狗に似ている」として「天狗犬」と名付けられた。その後の行方は不明だが、興行師によって見世物にされたようだ。

元祖人面犬？

明治時代の新聞は印刷技術が低いため鮮明な写真が載せられず、多くの場合は絵や記者の描いたスケッチを中心に掲載している。特に奇形で生まれてしまった奇妙な動物記事は、当時の人気コンテンツだったのか、明治から大正時代にかけて多数掲載されている。

「天狗犬」もそのひとつで、その正体は奇形で生まれてしまった犬で間違いないだろう。

それぞれ見た目が異なるが、右図AおよびBは鼻がゾウのように伸びており、まさに「天狗犬」と名付けて差し支えないビジュアルをしている。一方、Cの「天狗犬」は、天狗よりも人間の顔によく似ており、昭和～平成時代の感覚ならば、この犬は「人面犬」として雑誌やテレビで人気者になっていたに違いない。

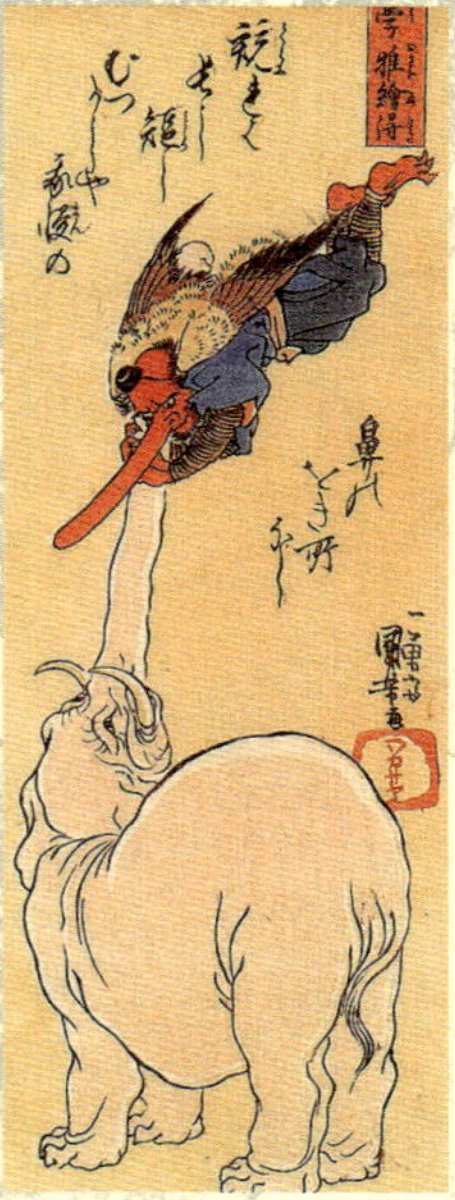

歌川国芳筆。「競（くらぶ）れば、長し短し、むつかしや。我慢の鼻の、を置き所なし」という歌が書かれている

新見市の農村で捕獲された

岡山の海狼

村人550人で退治した大怪獣

解説

1883年（明治16年）4月16日の朝日新聞に掲載された怪獣だ。

同年3月16日、岡山県新見市の農村で数頭の牛が食い荒らされた状態で発見された。同月18日、この怪獣を倒すため550人ほどの村人が鉄砲やクワ、槍、刀などを持って集結。怪獣の動きは素早く初日は逃がしてしまったが、翌19日には数十の鉄砲で撃ち殺すことに成功した。

怪獣の大きさは子牛ほどだったが、毛色は青黒く、顔は尖り、眼光は日月にように爛々と光り、口は耳まで裂けており3寸（約10センチ）の牙が生えていた。オオカミによく似ているが、オオカミと異なる箇所として、足には水かきがあり、耳が短く、鼻髭は太く、体毛は岩より硬かったという。村人たちはこの怪獣を「海狼」と名付けた。

大きさ✸子牛ほど
重さ✸不明
捕獲場所✸備中国哲多郡釜村（岡山県新見市）
出典✸1883年4月13日「朝日新聞」

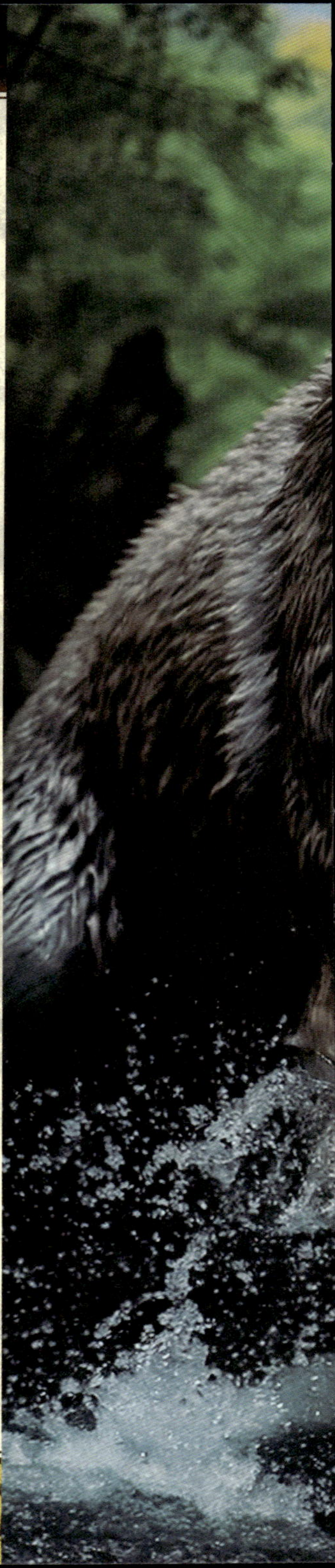

「怪獣」としか表現しがたい姿

明治時代発行の新聞のかなり初期に掲載された怪奇動物記事である。500人以上の村人が2日間に渡り謎の「海狼」と戦った記録がイラスト付きで掲載されている。

その異形な姿は怪獣としか言いようのないビジュアルである。

海狼の正体について朝日新聞には「オオカミとは異なる」と書かれている。しかしながら足の水かきや短い耳というのはニホンオオカミの大きな特徴であり、事件の舞台となった岡山県新見市では1872年（明治5年）頃までニホンオオカミが目撃されていた。**そのため海狼の正体は当時、絶滅寸前であったニホンオオカミの一匹なのではないだろうか。**

なお、ニホンオオカミは1905年（明治38年）に奈良県吉野郡東吉野村で射殺された個体が最後の記録とされているが、その後もニホンオオカミらしき個体は何度か捕獲されている。

1909年（明治42年）4月5日の報知新聞には、静岡県小

雑誌『The Chrysanthemum』1881年2月号に掲載された「ニホンオオカミ」の図

笠郡にある小笠山に、犬に似た謎の怪獣が撲殺されたという記事が掲載されている。その怪獣は全身が黒色で目が爛々と輝いており、大きさ二尺八寸（約1メートル）重さ3貫（約10キロ）であり、**この個体が特徴からみてニホンオオカミであった可能性は高そうだ。**

そもそもニホンオオカミは奈良県吉野郡の個体が最後の目撃例というだけで、その後も山奥などで人知れず生活していた可能性は否定できないのである。

1883年4月16日の朝日新聞に掲載された「海狼」

○怪獣を撲殺す

静岡縣小笠郡上土方村の奥山に昨年頃より怪獣現はれて村民を驚かしたるが二日午前十時頃上土方の萩原土兵衛同平太郎の両人自家所有の山林巡視の為め小笠山に登りし際岩穴の前にて昼飯をなさんとせしに突然物凄き唸聲聞ゆると共に一間餘隔れる草叢中より跳出でしは犬位の怪獣にて爛々たる眼を輝かしつゝ飛掛らんとするより両人は鉈を以て打つて掛りて約三[illegible]分間怪獣と闘ひ遂に撲殺して村へ持歸りしが其如何なる動物かは更に判明せざれど何様年老いしものらしく身長二尺八寸重量三貫餘ありて全身黒色を呈し居れりと

1909年4月5日「報知新聞」

大ウサギほどの大きさだ

古寺に現れたネズミ怪獣

大きさ✸大ウサギほど
重さ✸1貫300匁（約5キロ）
捕獲場所✸東京府北多摩郡拝島村（現在の昭島市拝島町）
出典✸東京日日新聞、都新聞

昭島市の寺で捕獲された

解説

1907年（明治40年）3月28日の東京日日新聞ほかに掲載された記事である。東京府北多摩郡拝島村の普明寺という古寺に、夜な夜な現れたネズミ怪獣（怪物）が現れるという噂が立った。悪さは特にしないが、夜となるとゴトゴトと動きはじめ、お供え物が無くなる被害が相次いだ。怪物の体毛は茶褐色で針のように鋭く、目はギラギラと輝いていた。

村の若い連中は、さっそく「怪物狩り」に出発。生け捕りにすることに成功した。捕まえた怪物は大ウサギほどの大きさで、重さは1貫300匁（約5キロ）、尾は人間の親指ほどの大きさで鼻先と下腹には銀針のような白い毛が生えており、牙と爪は見るからに恐ろしき有様であった。この怪物をひと目見ようと近隣の村からも見物人が集まったという。

上野に連れて行かれた悲劇の怪物

東京府北多摩郡拝島村（現在の昭島市拝島町）は、多摩川が流れる村である。筆者はこの「拝島の怪物」

について、2023年に本格的な調査を行っており、怪物が発見された普明寺および捕まえた子孫にもコンタクトが取れている。普明寺は大正時代に火事で焼けてしまい記録が残っていなかったが、捕獲に成功した村人の子孫によると「先祖が巨大なネズミを生け捕りにした」という話は口伝により伝わっていたようだ。

なお、この怪物は新聞で騒ぎを聞きつけた東京の上野にあった、ある研究所が連れて行ってしまったという。

さて、この怪物の正体は「**鼻先と下腹には銀針のような白い毛が生えている**」という特徴から、**ハクビシンであった可能性が高い。**

ハクビシンは昭和中期ごろからほぼ日本全域で目撃されている哺乳類で、台湾などからやってきた外来種（人為的に他の地域から入ってきた生物）とされている。

だが、近年の研究では昭和以前から日本に生息していた可能性も指摘されており、「ハクビシンがいつ日本へやってきたのか」については専門家の間でも意見が分かれているようだ。もしこの大ネズミの正

ハクビシン（撮影／Denise Chan from Hong Kong, China）

「皇代系譜11」に掲載された異獣。ハクビシンとの共通点が多く見られる

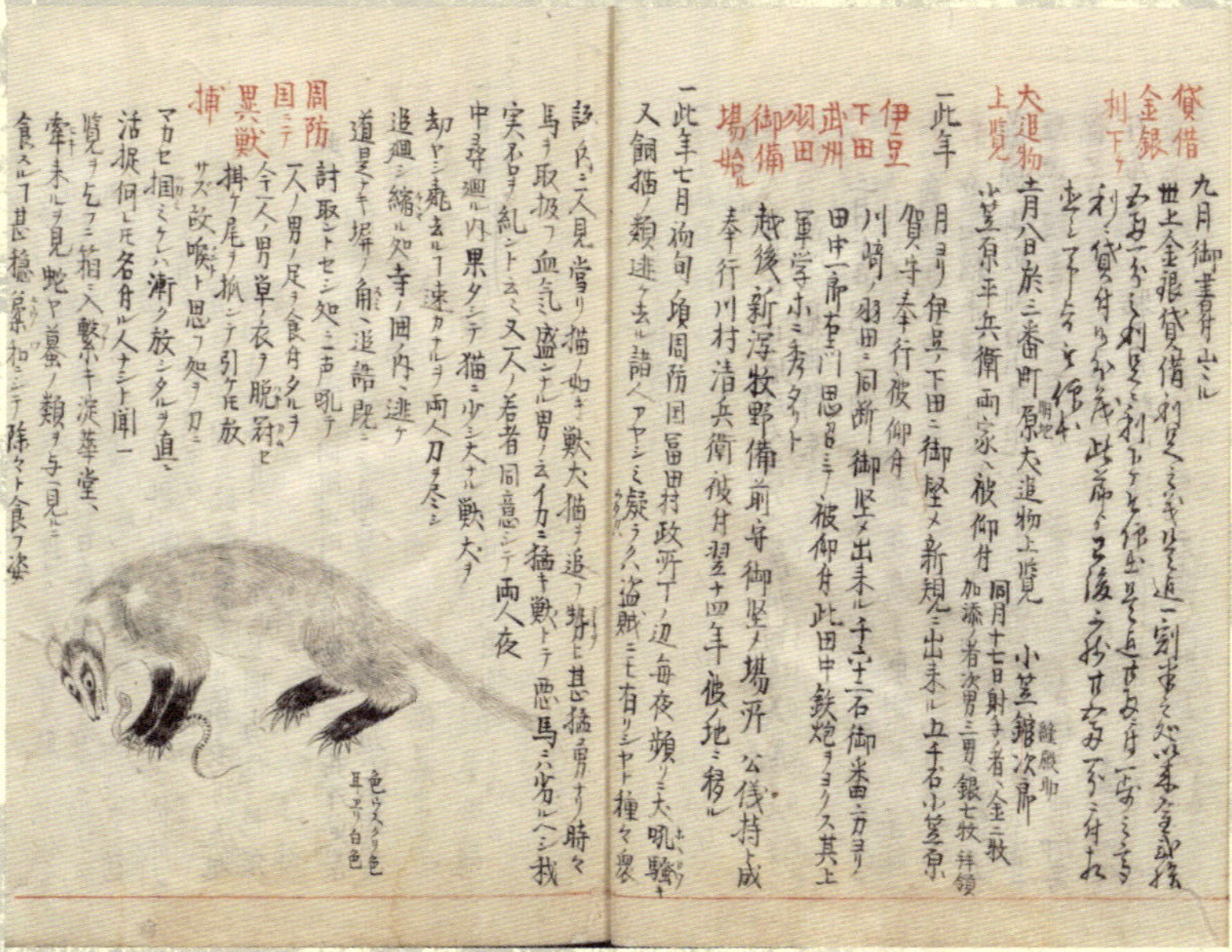

体がハクビシンであるとすれば「昭和以前からハクビシンは日本に住んでいた」という説を裏付けるデータのひとつとなるだろう（なお、東京・昭島市は現在に至るまでハクビシンによる被害が相次いでおり、昭島市内でもかなり初期のハクビシンの目撃情報となる）。

他にもハクビシンらしき怪物の捕獲情報は全国に残っており、古くは江戸時代の文書にもその姿が残っている。「皇代系譜11（12頁）」という古文書によると1842年、周防（山口県）にてタヌキやキツネではない見たことのない異獣が捕まった、という記録が残っている。白い鼻筋や長い尾などはハクビシンの可能性が高く、やはりハクビシンが来日したのは、昭和時代ではなく、少なくとも江戸時代までさかのぼれるのではないだろうか。

墨田区亀沢付近で捕獲

本所の「三ツ目」怪猫《かいびょう》

大きさ✸推定2尺（約60センチ）
重さ✸2貫（約7・5キロ）
目撃場所✸東京府東京市本所区長岡町四十三番地（東京都墨田区亀沢付近）
出典✸朝日新聞など

恐ろしき巨大猫

解説

1909年（明治42年）4月23日前後から東京市本所区に突然現れた、巨大猫。「三ツ目の怪猫」と名付けられ、住民の多くが恐怖した。雨の日になると玄関口から堂々と一般家庭へと侵入し、二足歩行で座敷まで歩き出したという。

同じ家に何度も現れたり、人間に噛みつくなど凶暴な性格。すぐに捕獲計画が立ち上がり、マタタビを仕込んだ大きさ4尺（約120センチ）ほどの箱罠が設置され、同年4月30日に生け捕りにされた。「三ツ目の怪猫」の大きさは洋犬の子犬ほど。重さは2貫（約7・5キロ）で、色は赤白斑（赤茶色？）。毛は針のように逆立っていたという。捕獲後は怪猫をひと目見ようと黒山の人が集まり大騒ぎになった

捕獲された怪猫の写真（1909年5月2日「読売新聞」より）

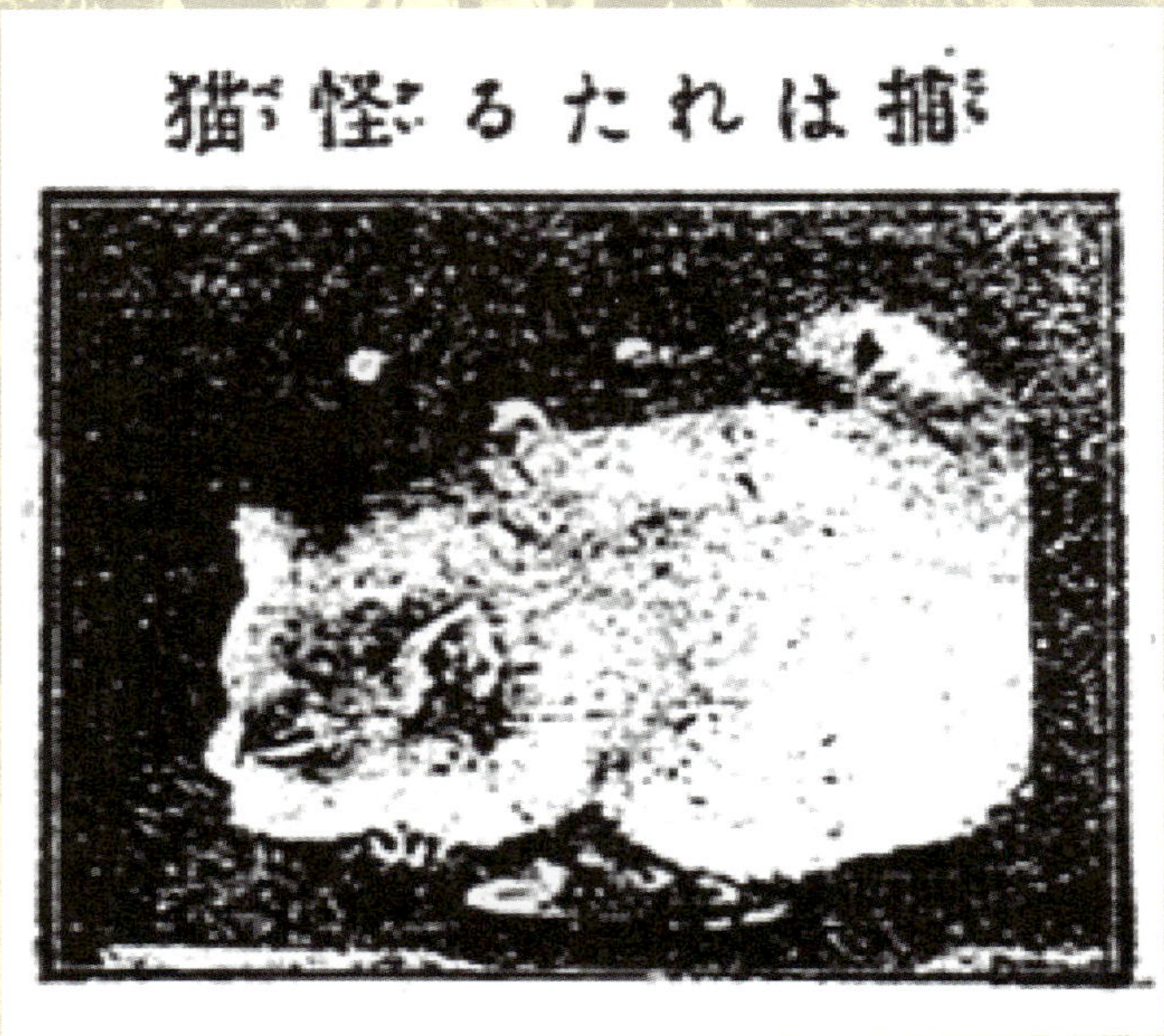

ようだ。

5月2日発行の読売新聞では怪猫の写真も掲載されている。その後、噂を聞きつけた見世物小屋の経営者が買い付けに訪れたが、「目が三つある訳ではないので面白みに欠ける」として買取ないしは入札が断念されたという。

正体はただの大きい猫だった？

「三ツ目の怪猫」と言っても、目が3つある化猫のことではない。三ツ目とは、東京都江東区辰巳から墨田区向島まで繋がる道路「三ツ目通り」からのネーミングである。

明治末期の怪獣目撃談ということで、怪猫に関してはかなり鮮明な写真が読売新聞に掲載されている（1909年5月2日号）。**見たところ普通の猫（日本猫・和猫）と変わらないため、大きさ以外は特に驚くべきポイントはなかった**

「三ツ目通り」の街区表示板

ようだ。一応、目撃者によると「二足歩行が出来る」とのことなのだが、本当に二本足で歩いたのかは不明。現に当時の興行師は怪猫に付加価値を付けるために、妖怪・猫又が三味線弾きの美人に襲い掛かる絵を描いて興行を行おうとしたが、警察から「看板に偽りあり」として叱られたようだ。

そのため怪猫の正体は、ただ単に大きな和猫であった可能性が高い。なお「三ツ目の怪猫事件」の3か月後には、ほぼ同じ地域で「本所の怪獣騒ぎ」が発生している。

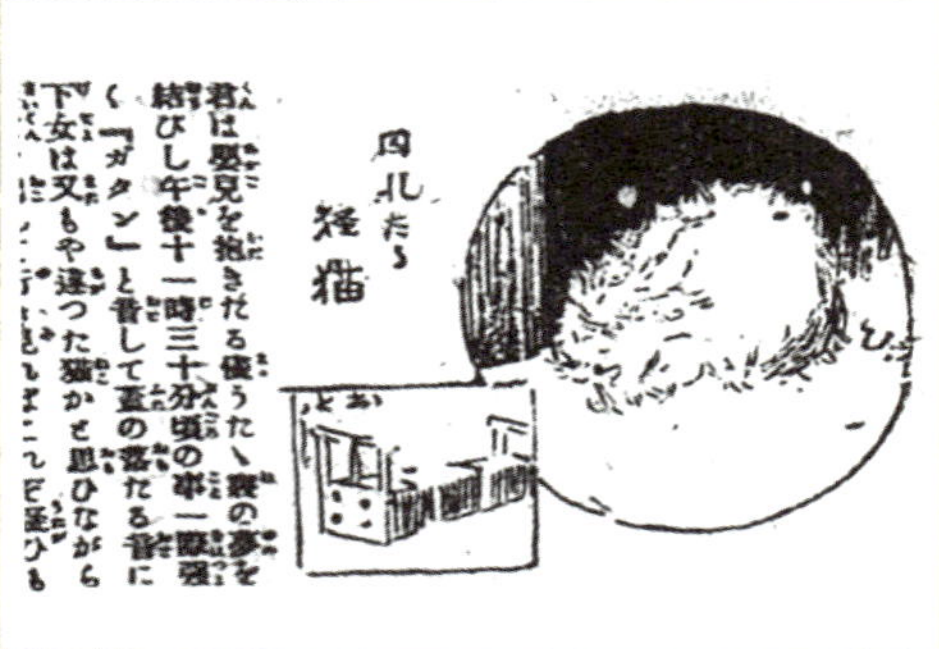
囚れたる怪猫

君は嬰児を抱きたる儘うたゝ寝の夢を結びし午後十一時三十分頃の事一声強く『ガタン』と音して蓋の落たる音に下女は又もや違つた猫かと思ひながら

1909年5月2日「やまと新聞」。「怪猫」を報じる

東京のド真ん中で捕獲された

本所の怪獣

見た目は可愛いが攻撃力は侮れない

解説

1909年（明治42年）8月頃から本所区中の郷元町（現在の東京都墨田区吾妻橋）付近に突然、謎の怪獣が現れ食物を荒らすようになった。被害に悩んでいた米屋の主人が捕まえようとタライを使った罠を仕掛けたが、怪獣はタライの倍の大きさだったため逃げ出し、近くの女髪結師の自宅の床下へ潜ってしまった。

8月25日には綿商（綿問屋）の自宅に現れ、魚の頭を餌に大タライを使った罠を設置したところ、捕獲に成功した。怪獣は大きさ3尺（約90センチ）、胴回りは1尺8寸（約68センチ）、尾の長さは8寸（約24センチ）で、顔はタヌキに似ているが、手足はクマ似だった。

さらに逃げ込んだ女髪結師の自宅の床下には大きな穴が空いており、「何とも分からぬ奇獣」と話題になった。

怪獣捕獲のニュースは8月28日の朝日新聞にも掲載され、怪獣をひと目見ようと沢山の野次馬が集まった

大きさ✸3尺（約90センチ）
重さ✸不明
目撃場所✸東京府東京市本所区中の郷元町26番地（東京都墨田区吾妻橋一丁目付近）
出典✸1909年8月28日「朝日新聞」

という。なお、上野動物園の黒川技師によると、「アナグマに似ているが、アナグマは東京にはいないため他方から逃げ出してきたタヌキの変態では」と見立てている。

熊か？　それとも狸か？

「三ツ目の怪猫事件」の3か月後に報じられた怪獣捕獲事件で、捕獲場所の距離が非常に近いため「三ツ目の怪獣」とも呼ばれる（もちろん目が三つある訳ではない）。

記事に出てくる「上野動物園の黒川技師」とは、上野動物園最初の選任獣医師で園長でもあった黒川義太郎氏のことであろう。当時の日本動物界の権威である黒川氏の鑑定はアナグマともタヌキとも断言していないが、**手足が黒い、穴を掘るという習性から**

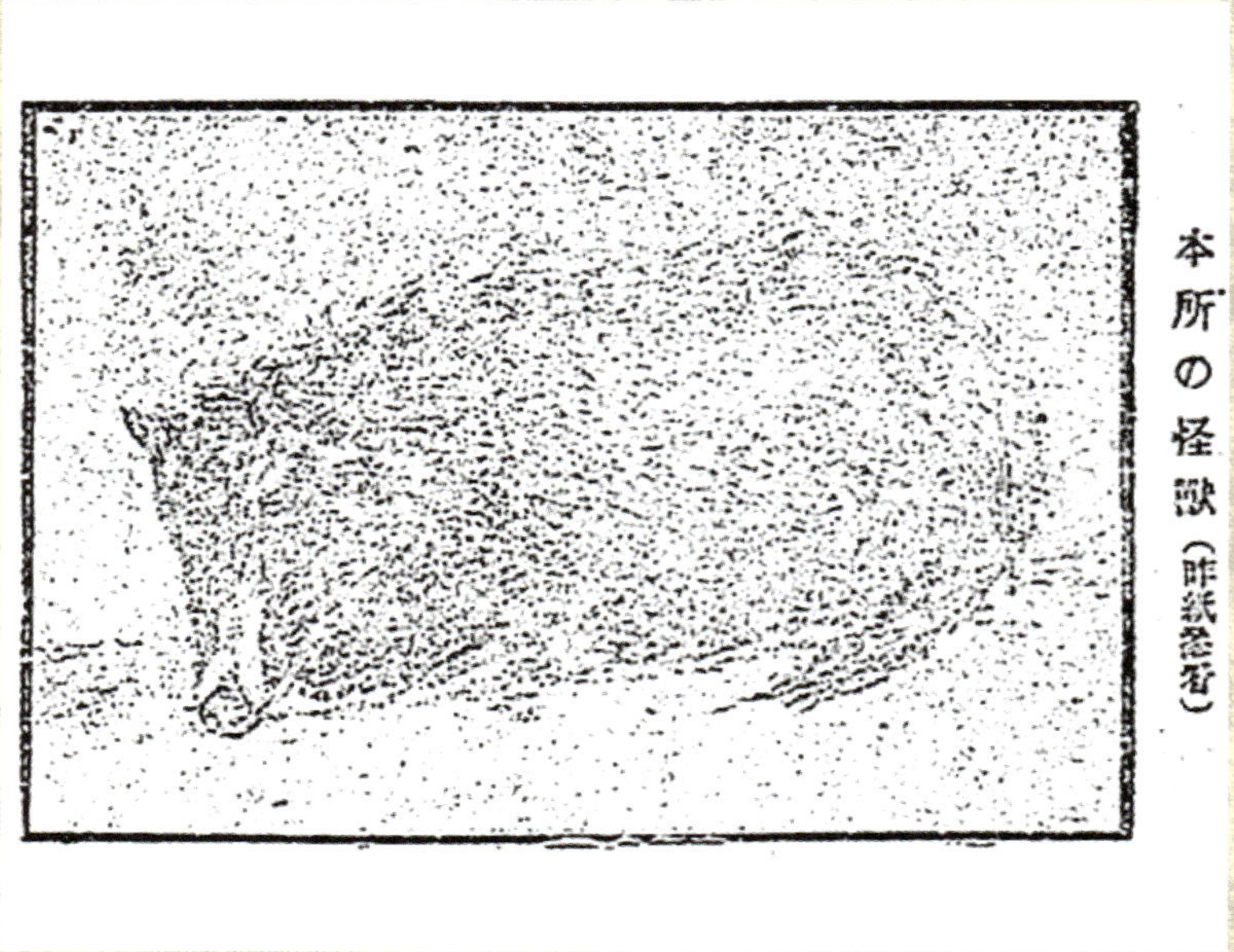

1909年8月29日「朝日新聞」に掲載された「本所の怪獣」の図

ニホンアナグマ（撮影：Nzrst1jx）。顔の模様や鼻など、本所の怪獣との類似点が多く見られる

アナグマ（ニホンアナグマ）であった可能性が高いだろう。同年8月29日の朝日新聞には鮮明な写真が掲載されているが、やはりタヌキやハクビシンよりもアナグマに見える。

　アナグマは東京では古くから八王子～奥多摩近辺で目撃例があるが、都心で目撃されるのは非常に珍しい。そのため、アナグマに馴染みのなかった東京人が恐ろしい怪獣と見間違えるのも仕方がない話だろう。アナグマは見た目に愛嬌があるため、当時の本所区でペットとして飼育していた人が逃がしてしまったのかもしれない。

　その点では、「三ツ目の怪獣」はテレポートアニマルの側面も持つ怪奇動物である。なお、三ツ目と呼ばれる地域は、江戸時代より「本所七不思議」の舞台のひとつに数えられており怪談・奇談とは非常に縁の深い町である。

東京の植物園に棲んでいた 小石川の怪獣

大きさ✸不明
重さ✸不明
目撃場所✸東京府小石川区指ヶ谷町（東京都文京区小石川二丁目付近）
出典✸朝日新聞

動物の血を吸う！

解説

1910年（明治43年）2月12日、東京府小石川区指ヶ谷町（東京都文京区小石川二丁目付近）のある鳥小屋で金網が破られ、なかのニワトリ6羽が殺される事件があった。だが、そのニワトリの死に方は実に奇妙で、肉は切り刻まれず血のみが吸い取られており、さらに鳥小屋の近くには馬蹄に爪を生やしたような足跡があったという。

足跡の主は同所にある植物園の生き物の仕業ではないか、と考えられ、近隣住民が軒下に潜んでいたところを刃物片手に退治しようとしたが、逃げられてしまったという。

「チュパカブラ」に類似

明治末期、東京都内では「三ツ目の怪猫」「三ツ目の怪獣」「品川の怪獣」など様々な怪奇動物が目撃・捕獲されている。だが、この「小石川の怪獣」に関しては捕獲がされておらず、正体は不明なままである。

そこでUMAからの知見で見立てるならば、「馬蹄に爪」「血のみを吸う」という特徴からプエルトリコ、アメリカ、メキシコなどで目撃された**「チュパカブラ」に類似する生物であった可能性が高い。**チュパカブラの目撃例は1995年2月のプエルトリコが初とされており、ひいては小石川に現れたこの怪獣の方が80年ほど早いことになる。

ちなみに足跡があった「植物園」とは、「小石川植物園」のことであろう。正式名称は東京大学大学院理学系研究科・附属植物園といい、東京大学の付属施設であるが、元は1684年に徳川幕府が設けた「小石川御薬園」が前身という、非常に歴史の古い施設である。

この「小石川植物園」は、1877年（明治10

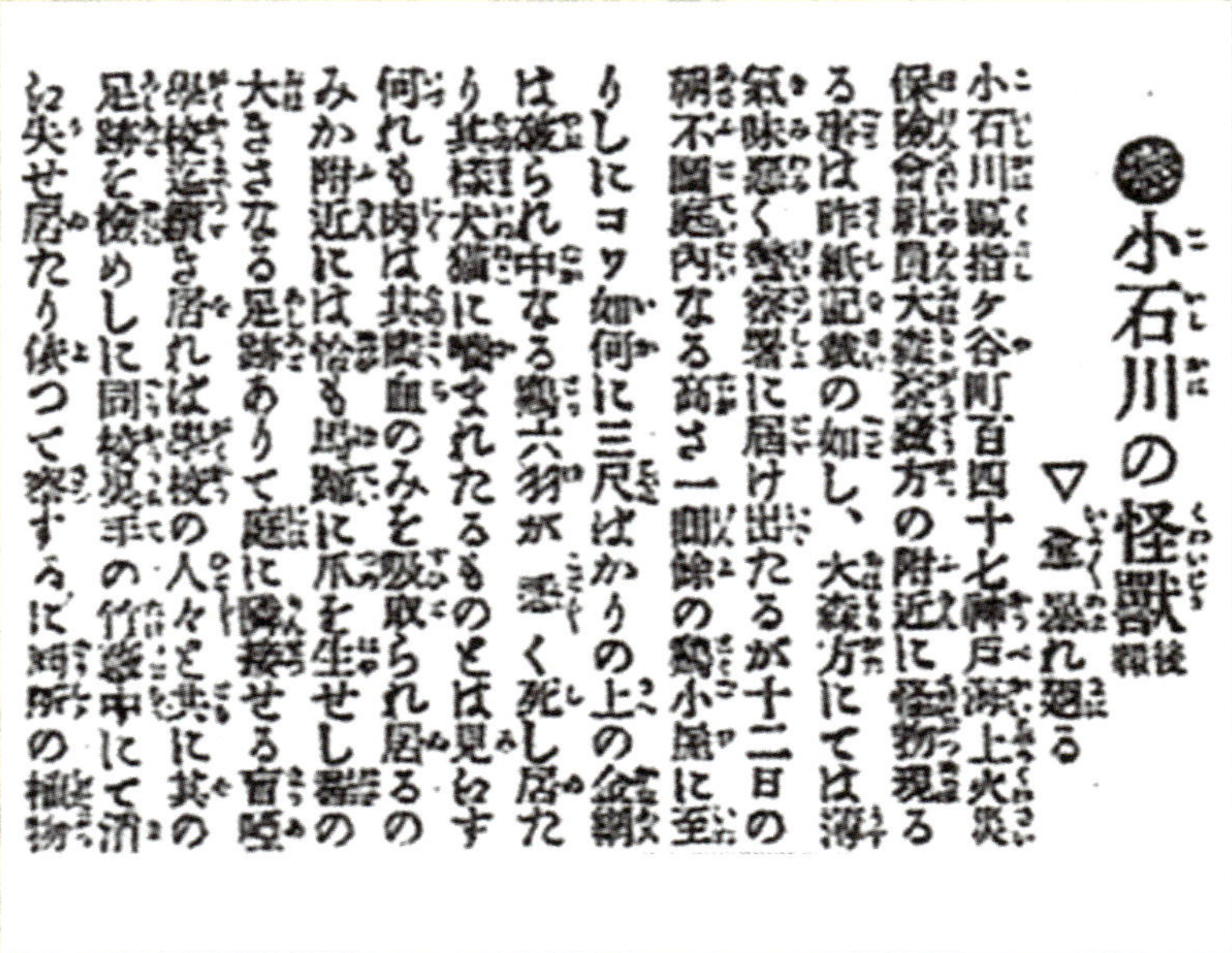

●小石川の怪獣 ▽鶏 盗れ廻る

小石川区指ケ谷町百四十七番戸消防上火災保険会社員大森奈良方の附近に怪物現る事は昨紙記載の如し、大森方にては溜気味悪く警察署に届け出たるが十二日の朝不図庭内なる高さ一間余の鶏小屋に至りしにコハ如何に三尺ばかりの上の金網は破られ中なる鶏六羽が悉く死し居たり其様犬猫に喰まれたるものとは見えず何れも肉は其儘血のみを吸取られ居るのみか附近には恰も野獣に爪を生せし獣の大きさなる足跡ありて庭に隣接せる官立學校近傍さ居れば學校の人々と共に其の足跡を検めしに同校奴手の竹藪中にて消え失せ居たり依つて察するに同所の植物

「小石川の怪獣」を扱った記事（1910年2月15日朝日新聞掲載）

年）には東京大学の施設となり、一般にも公開されている。仮に**東大の施設から逃げ出した動物ならば、東大も知らんぷり、というわけにはいかないと思うのだが……。**なお、徳島県には「牛打坊」という牛の血を吸う妖怪の記録がある。UMA・妖怪ファンの間では「和製チュパカブラ」とも呼ばれているが、「小石川の怪獣」は牛打坊と似た生態を持つ怪奇動物だったかもしれない。

チュパカブラ

小石川植物園（撮影／ Keihin Nike）

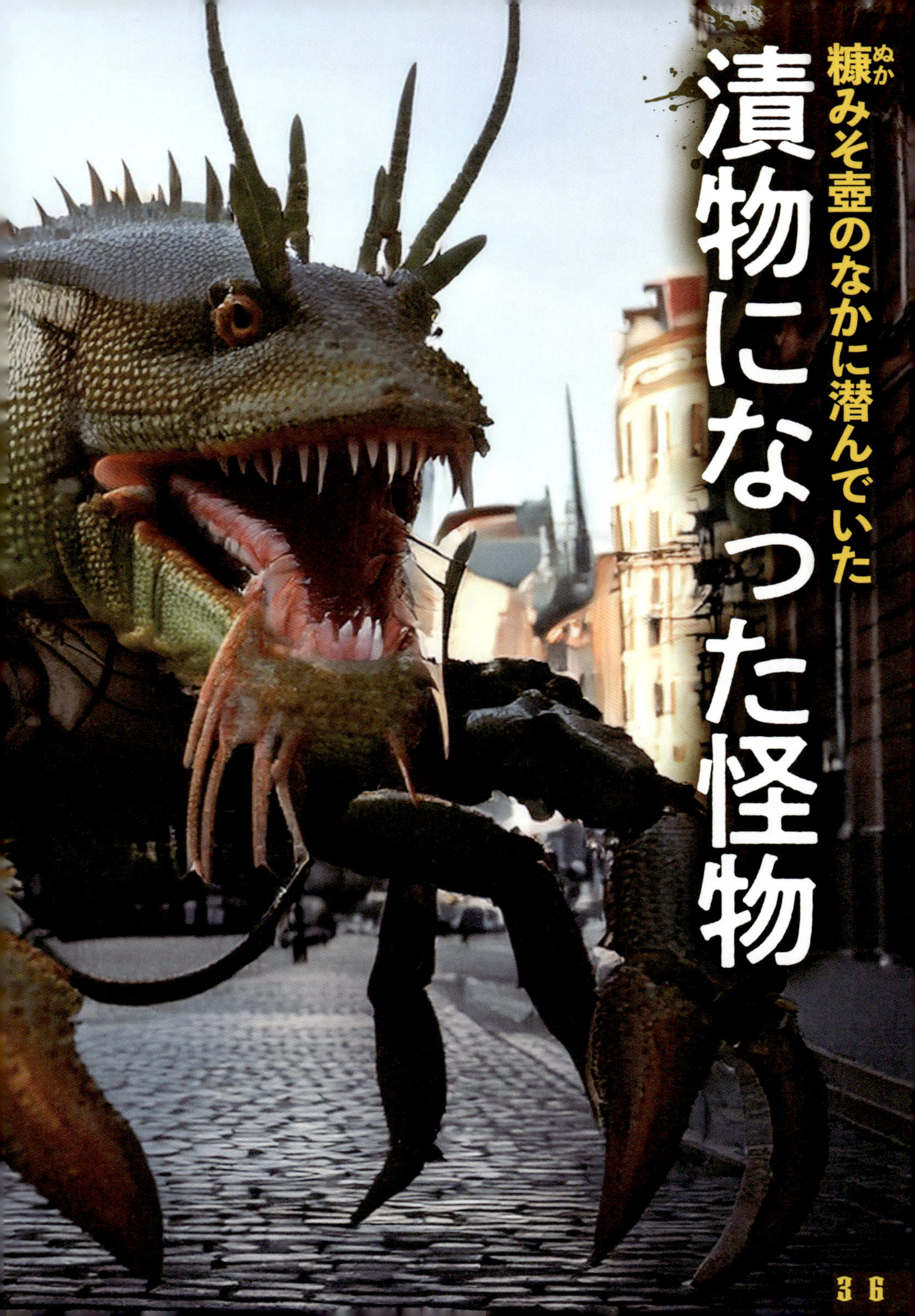

糠《ぬか》みそ壺のなかに潜んでいた

漬物になった怪物

大きさ✸ 5寸（約15センチ）
重さ✸ 不明
目撃場所✸ 捕獲場所・東京府麻布霞町（東京都港区西麻布～六本木）
出典✸ 1921年10月16日「朝日新聞」

動物博士も真っ青

解説

1921年（大正10年）10月14日早朝、東京府麻布区霞町（東京都港区西麻布～六本木）のある写真屋で働いていた女中が、朝食の用意のため糠《ぬか》みそ壺のなかに漬けてある漬物を取り出したところ、なかにいままで見たことのない怪獣がいた。その怪獣は頭部が海老に似ており、ワニのような模様で、胴はトカゲ、尾は蜘蛛のようで臀部は蟹に似ていた。さらに手に

糠味噌の中から怪物　本日帝大へ

昨朝麻布霞町一の寫眞師淵山[illegible]方の女中が糠味噌の蓋を開けたるに糠の中に頭部は海老に似て鰐の如き斑紋を有し胴は蜥蜴の如く尾は蜘蛛の如くにて頭部及び臀部は蟹に似たる二本の鋏を有し其他四本の足ある長さ五寸程の怪物を發見し大騒ぎとなり附近に住する某博士に見せたるも名稱判明せず同博士の紹介にて本日帝大動物學教室に赴き田中博士の鑑定を受くる由なるが鋏は極めて強く容易に針金を切斷するより[illegible]に保管し居れり

1921年10月15日「朝日新聞」。怪物の発見を報じる

は針金を切断できるほどの巨大なハサミが付いていた。

付近に住んでいた動物博士でも正体がわからず帝大動物学教室（現在の東京大学の施設）へ持ち込み鑑定を受ける予定だった。

正体は沖縄の巨大カニ？

この怪物の正体については、翌10月16日の朝日新聞掲載の「怪物は沖縄土産の大蟹」という記事にて明らかになっている。東京府京橋区（中央区銀座）の泰明小学校に勤める某教諭が、夏休みに沖縄旅行へ出かけたところ、本土では見たことのない蟹が売っていたのでお土産として二匹持ち帰った。だが、一匹の蟹がある日、金網を破って行方不明となってしまったという。

沖縄本島で撮影されたヤシガニ（撮影：Nippon510）。これが漬物壺の中から現れたら確かに怖い

現地人の話では、この蟹は「椰子蟹《やしがに》」または「マッカンガニ」と呼ばれている蟹であったという。**ゆえに正体は沖縄に生息する「ヤシガニ」と見て間違いがないだろう。**ヤシガニは、蟹という名前ではあるが、ヤドカリの仲間で大きなハサミおよびその巨体を見れば当時の日本人が「怪獣」と見間違えても仕方のないビジュアルをしている。糠味噌壺のなかにいた理由は不明だが、沖縄は海水の蒸発によって湿度が高い傾向にある。そのため**湿っている場所を求めたヤシガニが、夜な夜な壺のフタを開けて休んでいたのではないだろうか。**

1921年10月16日「朝日新聞」。正体は「沖縄土産の大蟹」だと伝えた

捕まえると豊作になる

岩手の火猫（雷獣）

大きさ✸小犬ほど
重さ✸不明
目撃場所✸岩手県和賀郡黒沢尻町（岩手県北上市）
出典✸1935年6月12日「岩手日報」

一般家庭で捕獲

解説

1935年（昭和10年）6月12日、岩手県和賀郡黒沢尻町（岩手県北上市）の一般家庭で、「火猫」と称される雷獣が生け捕りにされた。この雷獣は家へ侵入すると台所で食べ物を物色していたようだ。黒沢尻町はここ数日、雷雨が続いており、住民の話では「火猫のとれた年は豊作になる」という言い伝えが古くからあり、大変に喜ばれたようだ。この雷獣は地元警察署の手を経て花巻温泉の動物園（花巻温泉動物園？）に寄贈されたという。

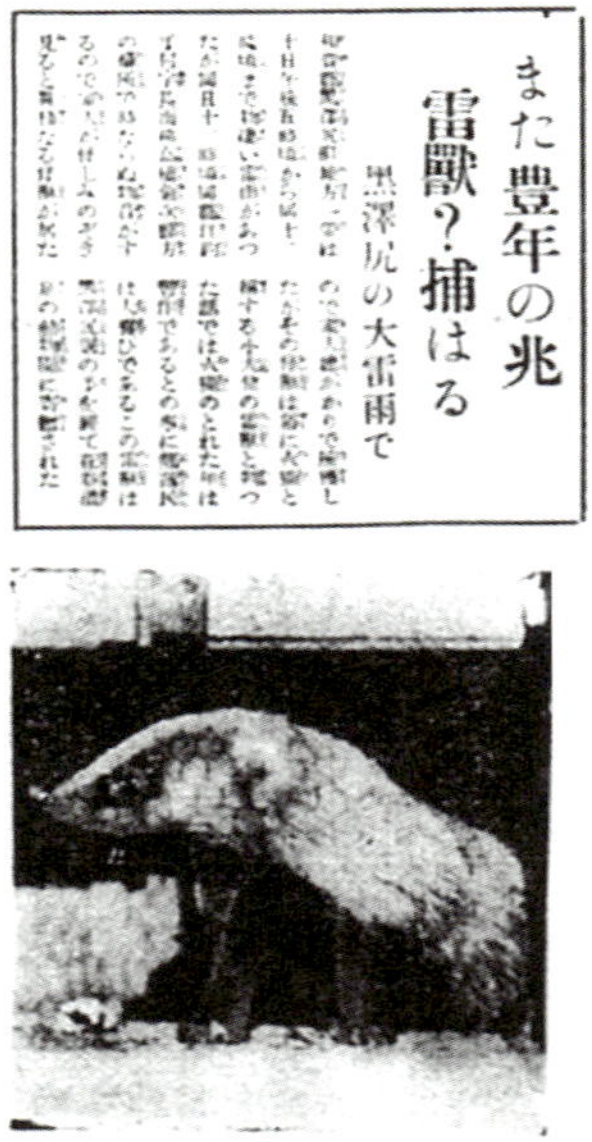
また豊年の兆
雷獣？捕はる
黒澤尻の大雷雨で

「雷獣」捕獲を伝える新聞記事（1935年6月12日岩手日報）

正体はニホンアナグマか

正体に関しては「雷獣」としか書かれていないが、

掲載された写真および捕獲場所からニホンアナグマとみて間違いないだろう。ニホンアナグマは岩手県にも生息しており、恐らくは雷雨によって和賀川ないしは北上川が氾濫しアナグマが現れたのではないかと思われる。

「かみなり」と名付けられた「雷獣」（竹原春泉画『絵本百物語』より）

記事には「俗に火猫と属する小犬位の雷獣と判った話」とあるが、火猫も雷獣も現在では馴染みのない呼び名である。本事件は、日本の一部地域に限り近年まで「雷獣」という動物の存在が信じられていたことを示す貴重な資料といえる。

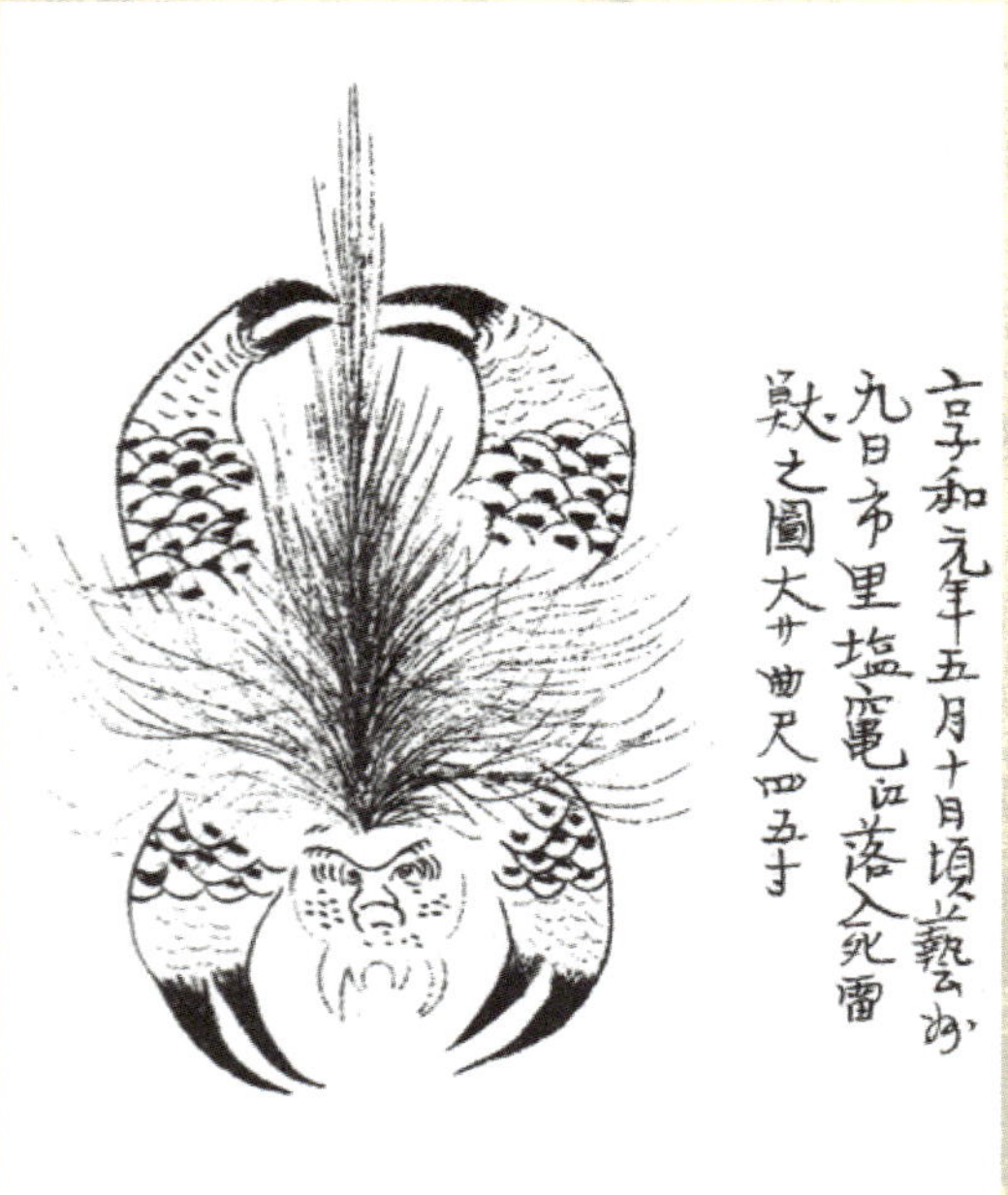

蟹に似た芸州の雷獣（『奇怪集』より）

ハクビシンは本当に雷獣なのか?

「雷獣」は日本全国で伝承の残っている妖怪のひとつであり、「落雷と共に現れる妖怪」とされている。姿形は記録によって全く異なり、4つ足の怪獣のような姿もあれば、龍のような姿、カニのような姿をした雷獣も記録されている。どうも昔の日本人は、「雷獣」を「見たことのない未知の生物」や「空から落ちてきた怪物」とイコールで考えていたようだ。

その正体はテンやムササビ、ニホンアナグマの誤認が有力だが、ハクビシン説も根強い。本書の「昭島の古鼠」「本所の怪獣」もハクビシン説が疑われているが、これら2つのケースも現代における「雷獣伝説」のひとつの形と言えるのかもしれない。

ニホンアナグマ

広島で目撃！ 比婆山の巨大猿

大きさ✸ 160センチほど
重さ✸ 80～90キロ
目撃場所✸ 広島県比婆郡西城町「比婆山」
出典✸ 毎日新聞

見たさにひかれ

比婆山

モンタージュ

1972年8月20日「毎日新聞」。比婆山の怪物を報じる

探検隊が巨大猿の足跡を発見

解説

広島県庄原市西城町のヒバゴン像（写真提供／おかゆう）

1972年（昭和47年）8月20日の毎日新聞に掲載された、比婆山に現れた謎の怪物の記事。大きさは160センチほどで、顔は逆三角形で全体に剛毛が生え、鼻は上向きで目はギョロリとしていたという。この怪物は「類人猿型」「大ザル」「野生人間」など様々な憶測を呼んでおり、過去に5回ほど大学生を中心とした探検隊チームが比婆山の調査に訪れているという。

この日、やってきた探検隊はボーイスカウト神戸青年隊の隊員たちで、彼らは調査3日目に巨大猿の足跡を発見し石膏を取る事に成功している。だが、この石膏については広島県にある動物園「広島市安佐動物公園」の当時の園長が、「生物学を知らない人間のイタズラでは？」「人工的な臭いがする」と否定的な意見を出している。

その正体は後の有名UMA「ヒバゴン」？

この怪奇動物は日本を代表するUMA「ヒバゴン」と思われる。だが、文献にはヒバゴンという名称は登場せず「怪物」で統一されている。ヒバゴンという名前がいつごろ付けられたのかは不明だが、少なくとも1972年までは無名の怪物扱いだったようだ。

山梨のコブラ

散歩好きで静岡や愛知にも現れた！

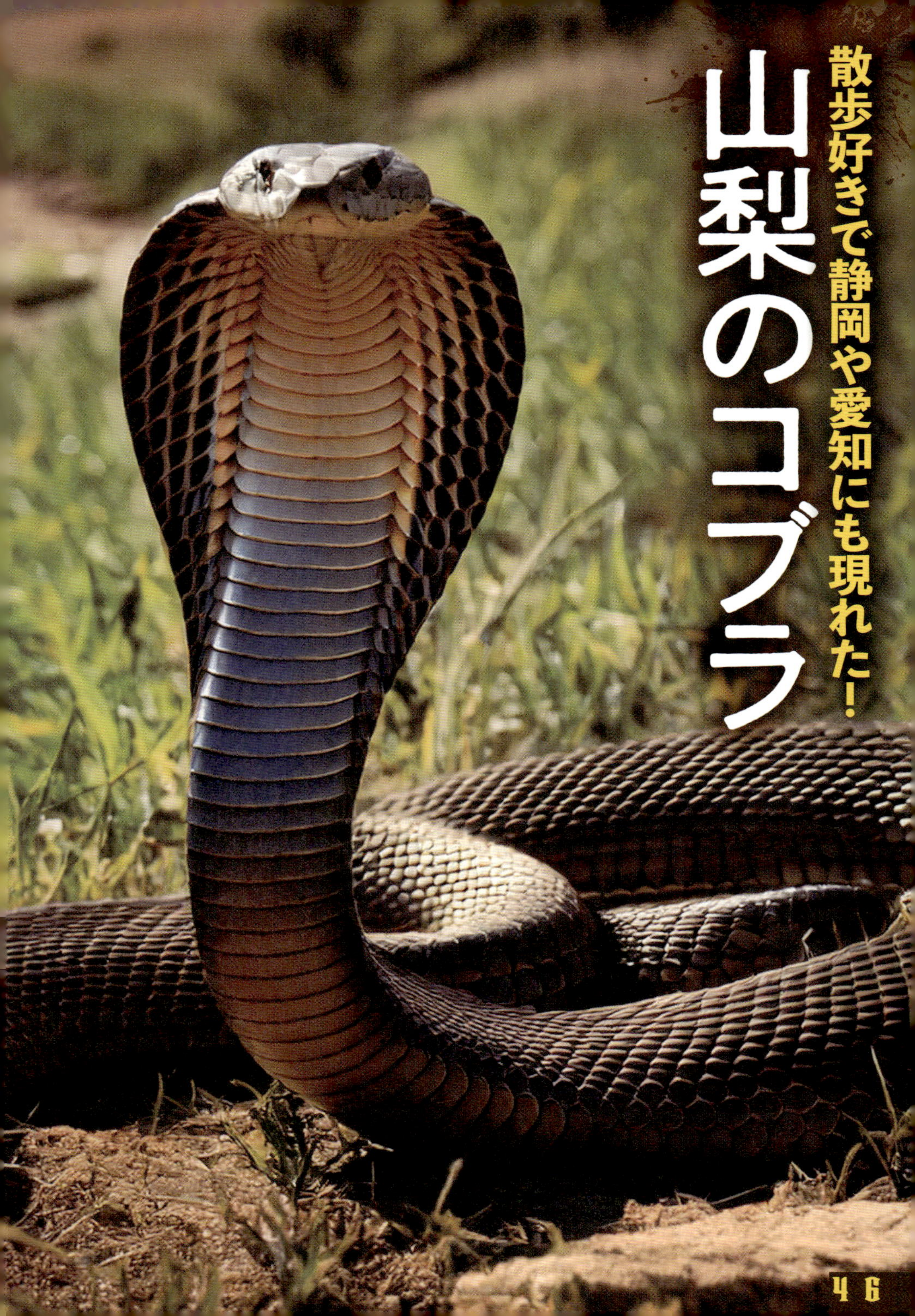

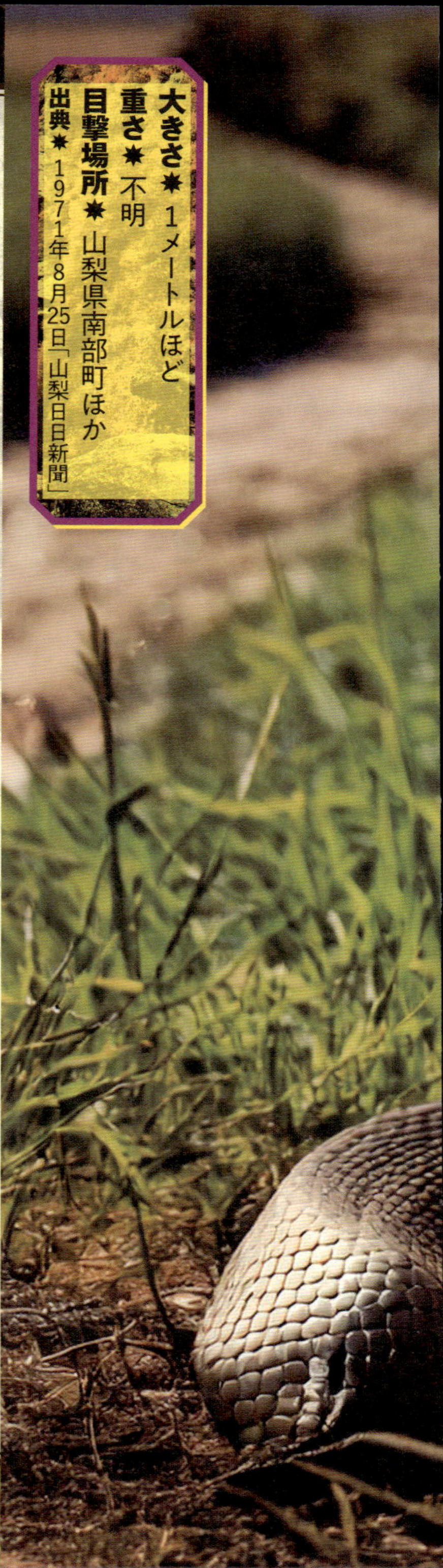

大きさ✹ 1メートルほど
重さ✹ 不明
目撃場所✹ 山梨県南部町ほか
出典✹ 1971年8月25日「山梨日日新聞」

首をもたげた状態で人間を威嚇

解説

1970年（昭和45年）8月29日、午後4時過ぎ、山梨県南巨摩郡南部町の大垈山にて森林組合職員の男性5人が山道の端で奇妙なヘビを目撃した。このヘビは斑点のある黄色でトグロを巻き、首をもたげた状態で5人を威嚇していた。ヘビはそのまま姿を消したが、その大きさは1メートルほどで、太さが3～4センチほどもあり、森林組合職員が図書館で調べてみたところ「インドコブラかキングコブラに似ていた」と話し騒動になった。

また、この目撃から約1時間後の午後5時20分ごろに、大垈山から5キロ離れた地点でも「キングコブラのようなヘビを見た」という目撃情報があった。

実はこの南部町での目撃の数日前に愛知県豊川市・静岡県浜松市でもコブラの目撃談があり、8月29日はちょうど浜松市で山狩りが行われている最中だった。

山梨県のコブラ目撃談はそれにとどまらず、南部町での騒動から1年後の1971年（昭和46年）8月21日午後3時頃に山梨県東八代郡中道町（甲府市右左口町）で農作業中の主婦が「頭でっかちのヘビを目撃した」と南甲府署へ通報した。そのヘビは体長7センチで、ヤマカガシに似ていたが腹部が赤く、頭が胴体より大きかったことから「キングコブラではないか」と騒ぎになった。

ゼロ時代のツチノコ目撃談？

1970年～71年に相次いで目撃されたキングコブラらしき蛇の奇談である。1970年8月は、ヘビの目撃例だけでも愛知県豊川市→静岡県浜松市→山梨県南部町、と200キロ近くを移動してきてい

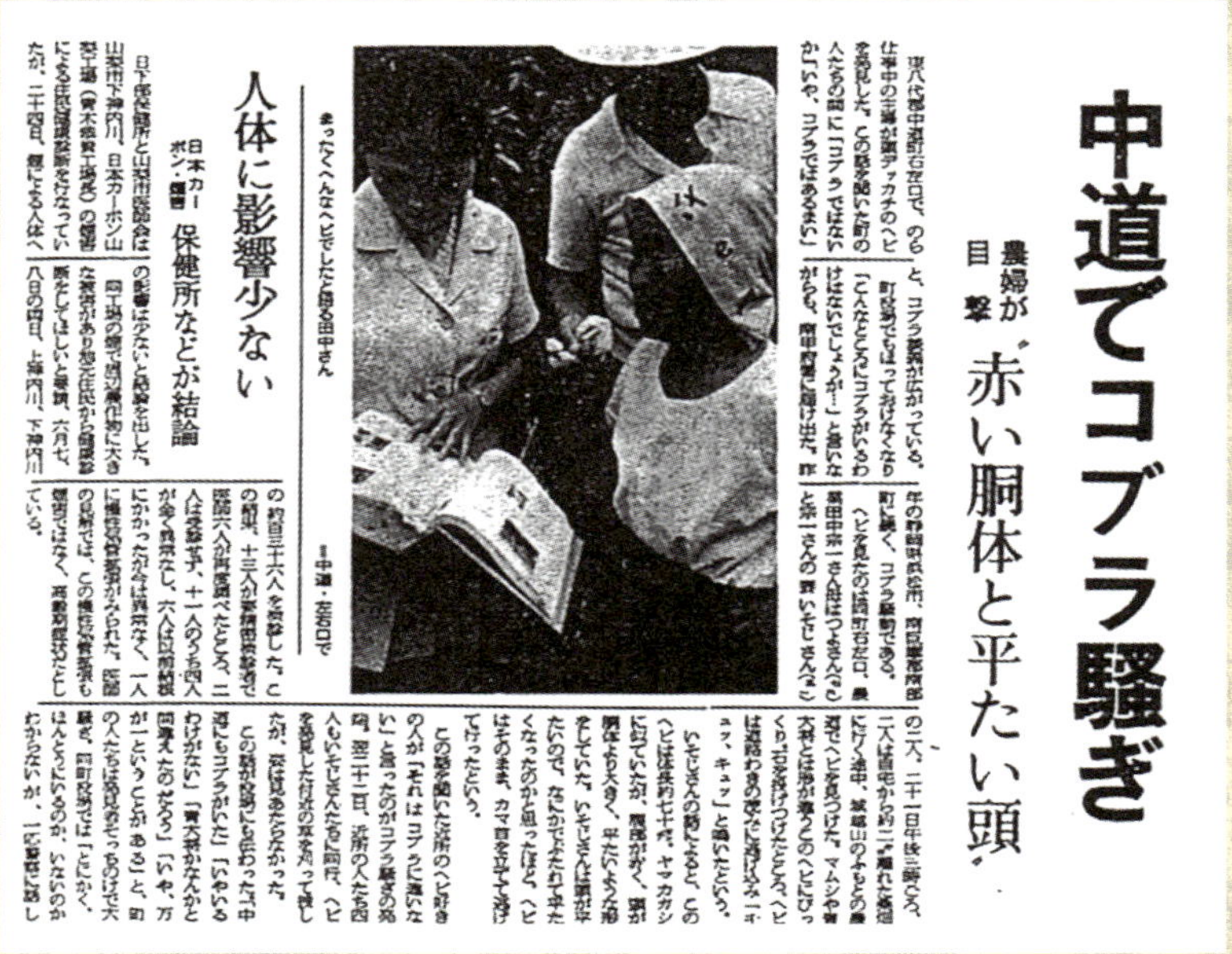

1971年8月25日「山梨日日新聞」より

岡山県赤磐市にあるツチノコ手配書の看板（写真提供／おかゆう）

井出道貞『信濃奇勝録』（1834年脱稿／1886年出版）に描かれた「野槌」。下記の翠山の画とともに、最も古いツチノコの図像といわれる

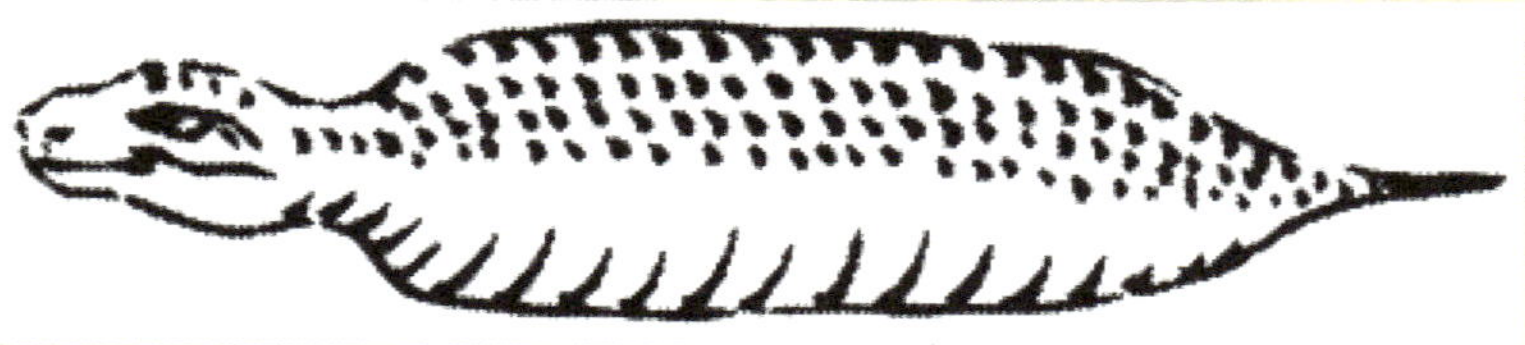

るため、同一個体とは考えづらい。

だが、中部地方で同時多発的にキングコブラが目撃されるなどということがあり得るのだろうか……。

（1971年8月の山梨県東八代郡中道町のケースは、山梨県南部町ケースから約1年後の目撃例であり、距離も約50キロ程度であるため同一個体であった可能性は高い）。

なお、**全国的に著名なUMA「ツチノコ」が全国的なブームとなるのは、キングコブラ騒動から2年後の1972年以降のことである。**「頭でっかちのヘビ」という点ではツチノコと山梨のキングコブラは共通しており、時期が数年後ならばテレポートアニマルである山梨のキングコブラは「ツチノコ」と呼ばれていた可能性が高く、本件は「ゼロ時代のツチノコ目撃例」と言ってもよいケースではないだろうか。

テレポートアニマル

マイナーだけどオモシロい!

解説

テレポートアニマルとは、「その場所に生息していないはずの動物」ないしは「テレポート(瞬間移動)して来たかのような動物」を指す言葉であり、海外では「ナンディ・ベア(アフリカで目撃されたクマ)」「エイリアン・ビッグ・キャット(イギリスで目撃された巨大猫)」などがおり、その多くはUMAに分類されている。

当然、日本でもテレポートアニマルの目撃例は複数あり、「和歌山県のライオン」「宮城県のカンガルー」などはUMAファンにも有名なのだが、研究家が複数存在するツチノコやヒバゴンに比べてテレポートアニマルは、まだまだマイナーなジャンルであることは否めない。本項では有名・無名含めたテレポートアニマルたちを箇条書きで紹介したい。

和歌山に現れたライオン。同時期に京都方面にも目撃例がある

和歌山のライオン

1971年(昭和46年)、和歌山県浪早崎の海岸付近で巡回中の警官が岩の上に寝そべるメスのライ

オンらしき動物を目撃した。「ライオンが逃げ出している」と驚いた警官は本署へ連絡し捜索が行われたが、果たしてライオンは見つからなかった。その後、京都府亀岡市でもライオンらしき動物が目撃されたが捕獲までには至っていない。

宮城県に現れた野生のカンガルー。目撃例が7年にわたるため家族がいた可能性もある

宮城のカンガルー

2002年（平成14年）、宮城県北西部の大崎市でカンガルーらしき謎の動物が相次いで目撃された。カンガルーの目撃証言は2009年（平成21年）までの7年間で20件もあり、テレビのワイドショーなどでも話題になった。その正体はペットで飼われていた個体が逃げ出したという説がある。

横浜のクジャク

1990年（平成2年）6月5日、神奈川県横浜市戸塚町で見たことのない派手な鳥が目撃され、横浜および戸塚署の警官が多数動員され捕獲された。餌を与えると喜ぶ、人を怖がらないという習性から、ペットとして飼われていた個体が逃げ出したものとされた。

代々木公園のサメ

代々木公園に生息するサメ。内臓がない死骸で見つかった

2012年（平成24年）、東京都渋谷区の代々木公園でサメの死骸が放置されていたのを公園の警備員が発見。サメの死骸に内臓はなくブルーシートがかけられていた。後日、「写真撮影のために公園にサメの死体を持って行った」という男性が現れ、ことなきを得た。

兵庫のカンガルー

2020年（令和2年）9月、兵庫県宝塚市でカンガルーらしき動物が現れ騒ぎになった。だが、撮影された写真を確認すると、カンガルーやワラビーではなく本州などに生息するホンドギツネであることが判明。このホンドギツネは、事故で後足を欠損しており、前足だけでピョンピョンと飛び跳ねる姿がカンガルーと誤認されたようだ。

水の怪奇動物

志摩市に現れた三重のワニ型怪獣

大きさ✸不明
重さ✸不明
目撃場所✸度会県下志摩国甲賀（三重県志摩市阿児町甲賀近辺）
出典✸東京日々新聞

船を襲い人に危害を加える

解説

1874年（明治7年）5月のことである。度会県下志摩国甲賀（三重県志摩市阿児町甲賀近辺）にはワニが住んでいて、暴風雨の際に浮き出る事があるという。全身に海草や牡蠣が付着しており、顔は巌（岩石）に似た形相をしている。船を襲い人に危害を加えることもあり、このような哀話もある。

――ある商船が海の上で火事になってしまい船員たちは海に飛び込んだ。するとそこにワニが現れて船員たちを飲み込んでしまった。助けに向かった船もワニの姿に驚き逃げてしまい船員は誰も助からなかった。

1874年5月25日「東京日々新聞」。三重県志摩市に現れたワニを伝える

神話の時代から日本にはワニがいた？

「日本の海域にワニがいる」という話は怪奇動物研究のなかでも最大のテーマといっても過言ではない。ご存じの通り、ワニは日本には生息していない水生爬虫類であるが、なぜか古くより日本で目撃が絶えないのだ。

日本におけるワニの記録は、8世紀に編纂されたとされる『古事記』の時代にまで遡る。日本の神様のひとりである大国主大神（大黒様）は、因幡の国にて皮を剥がされた白ウサギに出会う。このウサギは「ワニ」と呼ばれる動物の背中を渡って隠岐の島からやって来たのだが、ワニを騙した報復として皮を剥がされてしまったのだ。

1901年5月2日「二六新報」。「奇獣」として報じる

◎奇獣　去る三日房州鴨川沖にて捕獲せし獣は未だ曾て見しことなき奇獣にて長さ一丈二尺胴圍り一丈餘量目二百貫目餘齒の鋭きこと虎の如くなれば學術上の参考に供せんが爲め水産講習所長の紹介にて剝製の上淺草珍世界に出陳する筈なりと

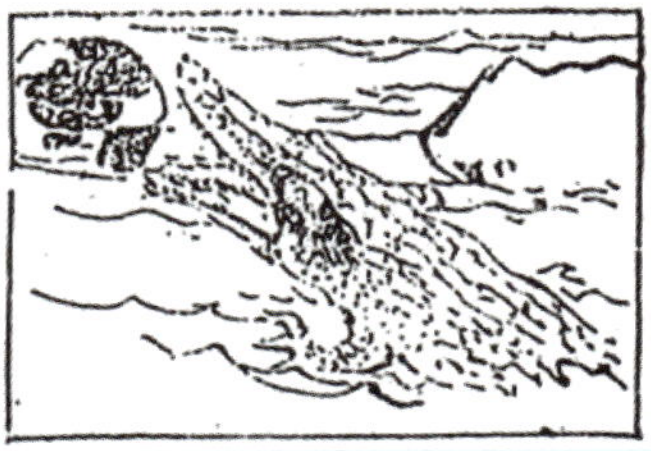

この白ウサギを大国主大神が助ける話は「因幡の白兎」として広く知られている。この古事記に出てくる「ワニ」という動物が爬虫類のワニなのか、魚類のサメなのか、史学研究者の間では長く議論されているのだ。

明治時代の東京日々新聞に掲載された鰐（ワニ）は、文面だけならサメにも読めるが、**挿絵の動物はカエルのような見た目に茶色いウロコ、爪の生えた腕が描かれている**ことから、サメよりもワニに見えるため、令和時代に住む我々が気付いてないだけでいまも日本の海域には爬虫類のワニが出入りしているのではないだろうか。高島春雄という動物学者の論文『日本のワニ』（1955年）によると、ワニは一時期日本の脊椎動物目録に収蔵されており、最も確実かつ古いワニの漂着記録は1800年（寛政12年）に当時薩摩藩の奄美大島で捕獲されたイリエワニである。

イリエワニはベトナムやフィリピンなど東南アジアに生息するワニで、海流によって遠くまで流れ着いてしまう事があるという。それを考えると三重県まで流される個体がいても不思議ではないのかもしれない。

同論文には「1932年（昭和7年）11月、富山県婦負郡四方町のいち漁船が富山湾沖40浬の地点で曳網をした時、魚群に混って大きさ60センチほどのワニの仔がいるのを見つけた、と当時の新聞が報じた」という記載があり（残念ながら新聞そのものは未発見）、高島氏は直接、富山のワニ個体を確認したわけではないが、情報を精査（富山湾には対馬海流の一部が能登半島の北部を迂回して流れ込み様々な外来生物が迷い込みやすい、など）した上で「真実のワニと考えてよいと思う」と語っている。

以上の点から見ても爬虫類のワニが日本へ流れてきて生息する可能性は高いが、現在に至るまで生きた痕跡が掴めていない、というまことに悩ましい事態になっている。

ちなみに1901年（明治34年）5月2日の二六新報は、房州鴨川沖（千葉県南房総エリア）で捕獲された同謎の獣を「奇獣」として掲載した。大きさ1丈2尺（約3メートル60センチ）、重さ200貫（約750キロ）ほどで、現地の人間も「見たことがない」という。が、現代人からすればワニにしか見えない。

イリエワニ

トドではない！
北海道のキバ怪獣

こんな化物は見たことがない

解説

1877年（明治10年）1月10日、渡島国茅部郡（現在の北海道函館市）にてトドに似た謎の怪獣が目撃された。この怪物の口元には鋭く真っ白い牙が生えて目は血走っ

大きさ✸9尺9寸（約3メートル）
重さ✸不明
目撃場所✸渡島国茅部郡（北海道函館市）
出典✸1877年4月20日「読売新聞」

ており、どうもトドとは違うようだ。

だが、トドが危険な肉食動物であることを熟知している漁師たちはすぐにこの怪物を退治すべく鉄砲とモリを用意し海へと向かった。そして格闘の末、漁師たちはこの怪物を退治することに成功した。

陸に引き揚げた漁師たちは、すぐに測定にかかった。大きさは9尺9寸（約3メートル）、牙は2尺（約60センチ）、口元に生えているヒゲは9寸（約27センチ）、前足は2尺4寸（約73センチ）という巨大なもので、この怪獣は死後に剥製にされたが、地元住民も「こんな化物は見たことがない」と驚いていたという。

血走った目に大きな牙

血走った目、大きな牙、残された図から正体はセ

金蔵《きんざう》ハ悴《せがれ》倉吉《くらきち》が見《み》る
夫《それ》から鉄炮《てつはう》の用《よう》
辛萬苦《しんまんく》の思《おも》ひ
て漸《やう》やく打《うち》と
分《ぶん》されると
一尺《しやく》、前足《まへあし》
す、眼《まなこ》ハ
ハ一尺《しやく》
ハ凡《およ》そ九
りハ二尺《しやく》一

1877年4月20日「読売新聞」掲載の図。誰がどうみてもセイウチである

タイヘイヨウセイウチ

イウチで間違いないだろう。一般的なセイウチの大きさはオスならば2メートル～3メートル50センチと、とくべつ大きな個体というわけではない。しかしながら、セイウチはカナダ東部やアラスカ西部、グリーンランドなどにしかおらず、北海道のしかも本州に近い函館方面まで泳いで来ることはまずないため、一匹だけ流れ着くのは非常に珍しいケースである。トドは知っていた**北海道の漁師も長い牙が生えたセイウチは見たことがなかったのだろう。**

また、セイウチが日本の動物園で飼育されはじめたのは本事件のちょうど100年後の1977年(昭和52年)、伊豆・三津シーパラダイスでの展示が初であり、直接セイウチを見た日本人は近年に至るまでさほど多くなかったのである。

身体に赤い糸が巻きつく

横須賀の「銀色」巨大魚

横須賀に現れた神秘的怪魚

解説

1876年（明治9年）10月13日付の読売新聞に掲載された記事によると、横須賀（神奈川県横須賀市）の造船場近くで正体のわからない謎の魚が捕獲されたという。その魚は全身が銀色で、黒鼠色の斑点があり頭には紅色と黒色が混じった吹き流し（風でなびく幟のようなもの）があり、その先にも糸のようなものが付いていたという。誰に聞いても「なんの魚だかわからない」といい、図が紙上に掲載された。

大きさ✹不明
重さ✹不明
捕獲場所✹神奈川県横須賀市
出典✹1876年10月13日「読売新聞」

○相州横須賀の造船場の近所にて此ほど取れし魚ハ凡此図のやうなものにていかにも形ハ美しく色ハ銀の様にて黒鼠色の斑点があり頭にハ紅白黒と交る透通るほどの吹き流しのやうなものがあり其先にも糸の様なものがあり尾にも白い絹糸のやうな物が垂れ硝子のやうに透通ッてあり其外鰭などからも薄紅色の細い奇麗なものが下ッてあり誰に聞いても何といふ名か分らないから世間の学者先生に伺ひたいとわざわざ彼の地より図を添て下して来ました

1876年10月13日「読売新聞」。謎の魚の捕獲を伝える

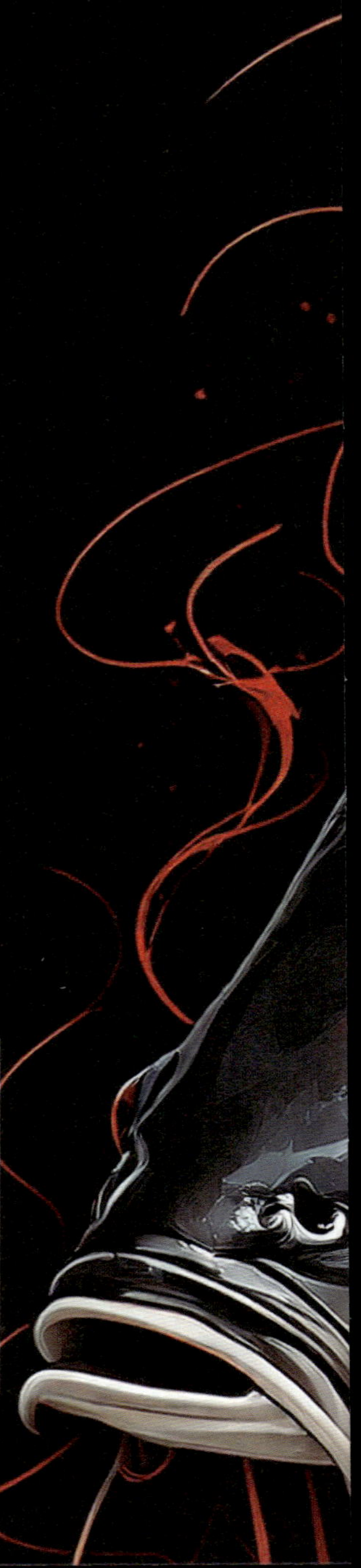

正体は「リュウグウノツカイ」か

図や特徴から考えて、この謎の魚は深海魚である「リュウグウノツカイ」と思われる。リュウグウノツカイは、現在こそ有名であるが、深海魚に対する情報が不足していた江戸～明治時代は何かしらの原因で打ち上げられた個体が「謎の魚」として処理されたようだ。

江戸時代に描かれた『異魚図賛』という書籍には、1831年（天保2年）1月に筑前国志摩郡で採られたリュウグウノツカイの記録が残る。リュウグウノツカイの記事は、1885年（明治18年）10月2日発行の弥生新聞にもある。高知県安芸郡羽根村（現在の高知県室戸市羽根村）の雑魚場にて「太刀魚のような姿をした大きさ1丈3尺（約4メートル）の謎の魚」が見つかった。

発見時、謎の魚はサメによって胴元が食い荒らされており、海上に浮いている所を漁師が発見したという。この魚は死んでいるため売り物にはならなかったが、魚商の手によって弥生新聞社へ持ち込まれ、詳細なスケッチが描かれることになった。

甲・乙・丙に分かれており、甲は全体図、乙は顔面の詳細図、そして丙は漁師たちが生前の姿を想像した図であると

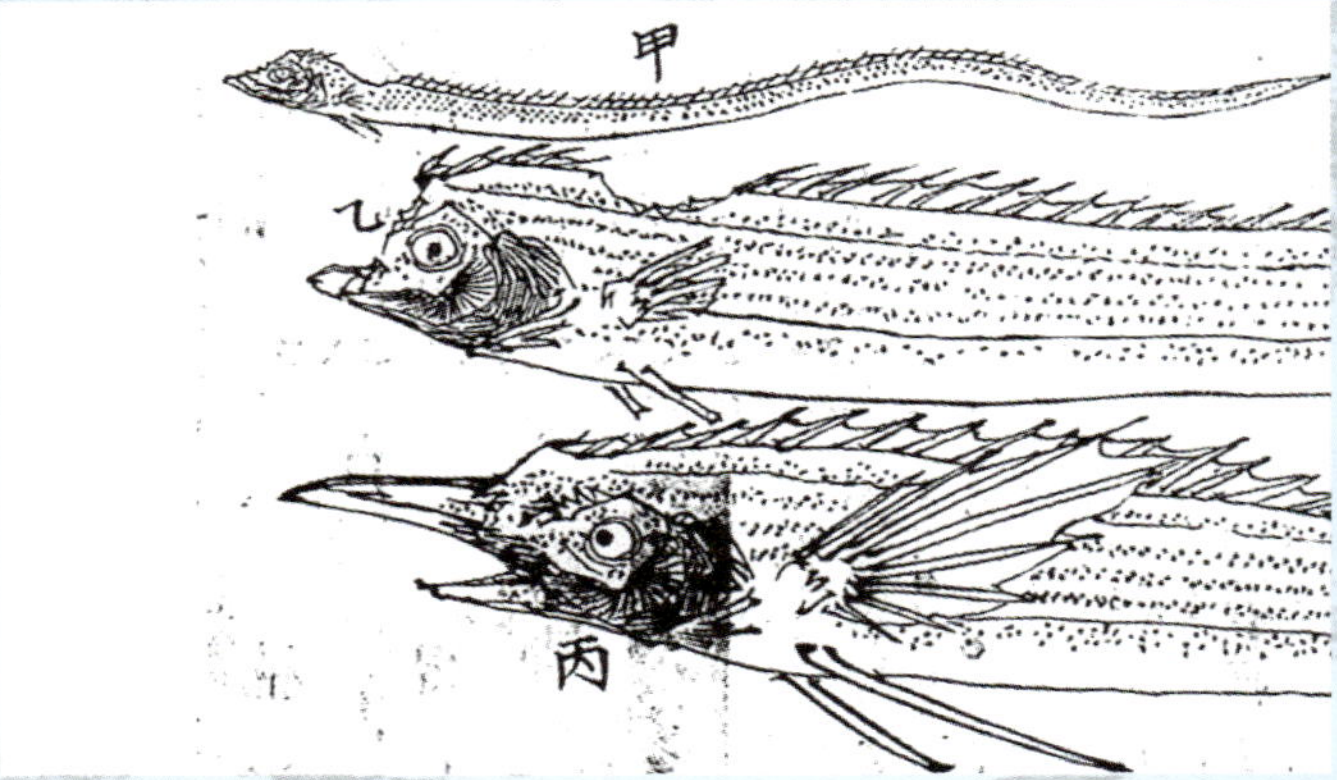

甲は全体図、乙は顔面の詳細図、丙は生前の想像図（1885年10月2日「弥生新聞」掲載）

いう。

乙図は突き出た口の形状や大きさからリュウグウノツカイであった可能性が高いと思われる。丙図はリュウグウノツカイを全く知らないであろう漁師や新聞社の人間が描いた図のため異様な形をしており、カラスのような大きな口はまさに「奇魚」という名に相応しい様相だ。

かつてイグアノドンは初期に発見された爪の骨が頭上の角と認定されサイのような姿をした恐竜とされていた。だが研究が進み、のちに鳥脚類（鳥のような脚部を持つ動物）であったことが判明したように、明治時代の深海魚も情報不足によって全く別の姿に復元されていたのだ。

なお、大正時代に入ると流石にリュウグウノツカイも知名度が上がってきたのか、1921年（大正10年）5月15日の朝日新聞によると、同年に行われた水産講習所（現在の東京海洋大学の前身）の創立周年記念展覧会でリュウグウノツカイの剥製が登場し、人気を博したという。

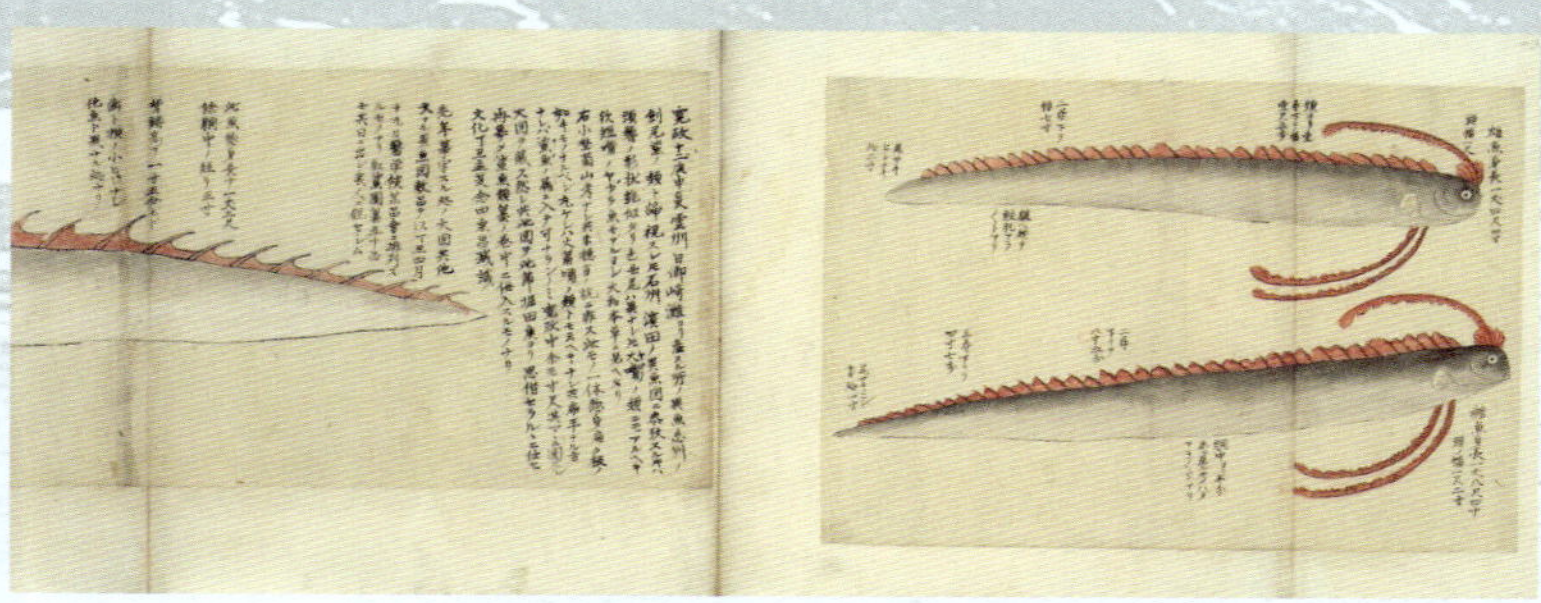

（上）2011年10月2日、神戸市須磨海浜水族館で撮影されたリュウグイノツカイの液侵標本（撮影／のびいる）
（下）異魚図賛に描かれた「リュウグウノツカイ」（国立国会図書館蔵）

沼に現る
埼玉のナマズ型怪魚

口が裂けた魚が見つかった

解説

1878年（明治11年）7月19日、埼玉県下成田町に住んでいる八百屋の男性が元忍沼《おしぬま》の下流で「魚でもない虫でもない」奇妙な生き物を発見した。大きさは1寸2分（約3・6センチ）ほどあり、頭はナマズのようで、口は水吐まで裂けて足は1分5厘（5ミリ）ほど。前足は指が4本、後足の指5本あり、泳ぐ姿はカワハギのようであったが、水底を歩くこともあるという。大変珍しい動物として東京の博物館へ連れて行く予

大きさ✸1尺2分（約3・6センチ）
重さ✸不明
捕獲場所✸埼玉県下成田町忍沼（埼玉県行田市水城公園付近）
出典✸1878年7月26日「読売新聞」

1878年7月26日「読売新聞」に掲載された謎の魚

定であったという。

正体は「ウーパールーパー」だった？

忍沼は現在の水城公園（埼玉県行田市本丸）にあった沼である。現在は忍沼そのものが消失しているため、場所の確定はできないが、行田市内である事は間違いなさそうだ。

この怪奇動物の特徴だが、**描かれた図や諸々の特徴から考えて「ウーパールーパー」で間違いないだろう**（※ウーパールーパーは、昭和後期に日本で名付けられた名前で、正式名称は「メキシコサンショウウオ」という）。

この怪奇動物の正体にピンと来たのは当時の日本人も同じだったようで、8日後に発行された8月3日付の読売新聞にて「これはサンショウウオの初

メキシコサンショウウオ（撮影／LoKiLeCh）

埼玉県行田市「水城公園」（撮影／京浜にけ）

生児で、幼名はSalamander（サラマンダー）である」「もしくは洋語でAxolotl（アホロートル）というもので、サンショウウオに似ているものである」、と2つの仮説が提示された。両方とも外来のサンショウウオだと指摘しており、特にAxolotlはメキシコサンショウウオを指す名称でもある。

だが、メキシコサンショウウオはその名の通りメキシコなどにしか生息しておらず、なぜ明治時代の埼玉県内の川辺に生息していたのかは不明だ。

珍し物好きの地元人が海外から輸入したウーパールーパーを、うっかり逃がしてしまったのだろうか。埼玉県で明治32年（1899年）に捕獲されたハリモグラらしき「トゲ怪獣（P10～13参照）」と共に、埼玉県には海外の動物を捕まえては逃がしてしまう奇人が住んでいたのかもしれない。

愛知の用水施設に生息
ウロコのない奇魚

野生のオオサンショウウオ
（撮影／ Salamandra2021）

大きさ✸ 2尺（約60センチ）
重さ✸ 不明
目撃場所✸ 三河国碧海郡畝部村（愛知県豊田市南部）
出典✸ 都新聞

▲奇魚《きぎよ》 三河國《みかはのくに》碧海《あをみ》畝部村用水川堰にて獲《え》たる奇魚ハ長《なが》二尺《しやく》、幅四寸《すん》、脊ハ茶色《ちやいろ》にして黒點斑々《こくてんはん〳〵》腹部ハ鼠色《ねずみいろ》、頭《あたま》ハゴチの如《ごと》く尾《を》ハ立《たち》て二寸《すん》六分あり前足《まへあし》にハ指《ゆび》四本《ほん》、後足《あとあし》に指《ゆび》五本《ほん》ありて全身鱗《ぜんしんうろこ》なし

1893年4月7日「都新聞」。「奇魚」を報じる

魚のようで魚でない？

解説

1893年（明治26年）、三河国碧海郡畝部村（現在の愛知県豊田市南部）の用水施設にて奇妙な魚が捕えられた。この魚は大きさが2尺（60センチ）、幅4寸（12センチ）背は茶色で黒点の斑点があり、腹部は鼠色、頭は（魚の）コチに似ており、前足は4本、後足は5本、全身にウロコがないという奇妙な姿をしていたという。

前足と後足で指の本数が違う

非常に少ない情報だが、体長や色合い、ウロコのない姿という点から考えて、**この生物はオオサンショウの幼体で間違いない。**なぜそう言い切れるのかというと、指の数である。前足4本、後足5本、といういびつな四肢は両生類としか考えられないからだ。

天然記念物であるオオサンショウウオは、数こそ少ないが日本全国に生息しており、愛知県にも生息記録がある。畝部村には矢作川という愛知県および岐阜県を通る川があるため、県内のオオサンショウウオが生息する場所から流れてきた個体だったのではないだろうか。

なお、サンショウウオそのものは明治時代には決して知名度の低い動物だったわけではなく、別名「ハンザキ」として薬の材料にも使われていた。だが、水族館の数が少ない明治時代（日本初の水族館の登場は1882年に作られた上野動物園の観魚室）、生きたサンショウウオを見た人はわずかであったと思われ、「奇魚」として報じられてしまったようだ。

それなりにメジャーな動物であったが、発見された場所が東京から遠く離れた愛知県であり、図もないため、「奇魚」として扱われたのではないだろうか。

海岸に打ち上げられた
石川のフグ型奇魚

年末に流れ着いた奇妙な魚

大きさ✸6尺7～8寸（2メートル前後）
重さ✸推定70貫（約260キロ）
捕獲場所✸石川県江沼郡篠原村伊切（石川県加賀市伊切町）
出典✸都新聞

解説

1893年（明治26年）12月28日、石川県江沼郡篠原村伊切（現在の石川県加賀市伊切町）の海岸に謎の魚が打ち上げられた。この魚は大きさ6尺7～8寸（約2メートル）、重さ70貫（約260キロ）の巨大な魚で、全身が鼠色で所々に黒ぶちがあり、皮やヒレなどはフグに似ていた。種類や種目、食べられるのかどうかもわからず、その正体は数週間たっても判明しなかったという。

マンボウを知らなかった？

都新聞には詳細な図が掲載されているが、色や姿から判断して、**この奇魚の正体はマンボウ（具体的にはヤリマンボウ）で間違いない。**

マンボウそのものは全世界の熱帯・温帯の海に広く分布しており、日本にも古くから目撃および捕獲例があり、江戸時代の動物資料にもその姿が登場している。だが、現代と違い、全員が動物や魚類に詳しいわけではないため、日常と違う魚が捕獲されると「奇妙な魚が現れた」とニュースになってしまう

●奇魚《きぎよ》 石川縣《いしかはけん》加賀國《かがのくに》江沼郡《えぬまごほり》篠原村《しのはらむら》字《あざ》伊切《いきり》の鹿野《しかの》熊次郎《くまじらう》と云《い》へるが去暮《きよくれ》二十八日の午前《ごぜん》同村《どうそん》海岸《かいがん》に於《おい》て拾《ひろ》ひ揚《あ》げたる圖《づ》の如き奇魚《きぎよ》ハ長《なが》さ六尺《しやく》七八寸《すん》、幅《はゞ》四尺《しやく》五六寸《すん》、量目《めかた》七十貫目餘《くわんめよ》あれども眼《め》ハ割合《わりあひ》に小《ちひ》く周圍《まはり》四寸計《すんばか》りに過《す》ぎず、全身《ぜんしん》鼠色《ねずみいろ》にして所々《ところ〴〵》に黒斑《くろぶち》あり、皮鰭等《かはひれとう》ハ河豚《ふぐ》に類《るゐ》すれども其所屬名稱《そのしよぞくめいしよう》及《およ》び食用《しよくよう》に供《きよう》し得《え》らるゝや否《いな》やハ未《いま》だ知《し》るものなしと云《い》へり

1894年1月11日「都新聞」に掲載された「奇魚」。現代人なら誰が見てもマンボウである

のである。そのため、この石川県の奇魚も「マンボウを知らなかった」地元住民および都新聞社が記事にしてしまったものだろう。

それにしても、マンボウを知らない人がマンボウを見ると「フグに似ている」「食べられるかどうかわからない」と考えたのは、時代を考えてもユニークである。

ちなみに、1894年「都新聞」掲載の個体に関しては、筆者が図書館の都新聞の縮刷版で偶然発見したものだ。マンボウ博士の澤井悦郎氏によると、2021年時点において「現在日本で2番目に古いヤリマンボウの記録」であり、「石川県におけるヤリマンボウ2例目の記録で、かつ初めての打ち上げ記録」であった。そのため、のちに氏の論文「現代および明治時代の石川県で確認されたヤリマンボウとマンボウ属魚類の記録」でも紹介されている。

ヤリマンボウ（撮影／Hectonichus）

大分「湯巻の淵」で捕獲された

河童らしき謎の赤子

顔が赤ちゃんに似た怪物が流れ着いてパニックに！

解説

1895年（明治28年）9月5日付の読売新聞に「河童を捕ふ」という奇妙な記事が掲載されている。8月24日、大分県日田郡夜明村（現在の大分県日田市夜明）大字關有王神社の下にある、「湯巻の淵」という場所にて、人間の赤ん坊のような姿をした奇妙な動物が捕えられた。その動物は流木に引っ掛かって、小さな声で鳴いており、村民が自宅に連れて帰りタライに水を入れて保護していたが、しばらくして死んでしまっ

大きさ✸2尺（約60センチ）
重さ✸不明
捕獲場所✸大分県日田郡夜明村（大分県日田市夜明）
出典✸1895年9月5日「読売新聞」

たという。

この動物は大きさが2尺（約60センチ）で、全身に赤色の毛が生えていた。さらに頭はヒョウタンのような形をしており、顔は人間に似て、口はネズミのように小さく尖り、また手足には水かきのようなものが付いていたため村民達の間では「河童ではないか」と騒ぎになった。この動物の死体は警察に引き渡され、後日、業者によって売買されたという。

正体は伝説の妖怪か？

大分県日田市は漫画『進撃の巨人』の作者・諫山創の出身地として有名であるが、江戸時代より河童の逸話が伝わる地域でもあり、数々の目撃談や伝説が多く存在している。

市内には古くから伝わる河童踊りや河童のモニュメント「河童の水の助像」もある（しかも、この像は本事件の現場から数キロ先に建っている）。その

◎河童《かつぱ》と捕《とら》ふ

去月《きよげつ》廿四日大分縣《おほいたけん》の日田郡夜明村大字關有王神社《ひたごほりよあけむらおほあざせきありわうじんじや》の下《した》ある湯鑵の淵《ふち》といふ所《ところ》にて村民某流木《そんみんぼうりうぼく》の下《した》に小《ちい》さき聲《こゑ》にて頻《しき》りに悲鳴《ひめい》するもののあると聞《き》き不審《ふしん》に思《おも》ひ件《くだん》の流木《りうぼく》を取退《とりのぞ》けれバ赤子《あかご》の姿《すがた》に似《に》たるもの潜《ひそ》み居《を》るより恐《おそ》る〳〵捕《とら》へて蔓《かづら》にて縛《しば》り家《いへ》に持歸《もちかへ》りて盥《たらひ》に水《みづ》を入《い》れ其中《そのうち》に放《はな》ち置《お》きしに程なく死《し》せし由《よし》なるが右《みぎ》ハ丈《たけ》二尺計《しやくばか》りありて頭《あたま》ハ瓢簞《へうたん》の如く一面《めん》赤色《あかいろ》の毛生《けは》へ顔《かほ》ハ人間《にんげん》に類《るい》して口尖《くちとが》り歯《は》ハ鼠《ねずみ》に似《に》て稍《やゝ》小さく手足《てあし》また人間《にんげん》に似《に》て細長《ほそなが》く水搔《みづかき》ありて指先《ゆびさき》ハ猫《ねこ》の如《ごと》き爪《つめ》生へ居《を》るにぞ是全《これまつた》く世《よ》にいふ河童《かつぱ》ならんと同郡豆田町警察署《どうぐんまめだまちけいさつしよ》に持行《もちゆ》きしに吉田何《よしだなに》某之《がしこれ》を買求《かひもとめ》たりといふ

1895年9月5日「読売新聞」。「河童を捕ふ」と報じる

河童の姿をした福岡県久留米市の田主丸駅（撮影／ Salamandra2021）。怪獣発見現場からも近い

ような地で記録された河童捕獲事件であるため、「本物の河童だったのでは？」とつい考えてしまう。
情報が限られていることもあり、正体は不明であるが、「口がねずみに似ている」「赤い毛が生えている」「水かきが付いている」点からカワウソの誤認という可能性はありそうだ。
だが、カワウソは太く長い尻尾が特徴であるため、尾について触れていないのは不自然である。尾が生えてなく、水かきのある哺乳類としてはカピパラが該当するが、カピパラは人間とは大きく姿が異なるため除外したい。あまり考えたくない話ではあるが、水かきの付いた人間は稀に生まれることがあり、奇形児として生を受けた子供が捨てられてしまった可能性もありそうだ。
が、現段階では正体不明としたい。スケッチや詳細な記録が残っていないことが惜しまれる。

長崎対馬で発見！

象牙の生えたトゲ魚

鋭い牙が生えたヨロイ姿の怪魚

解説

1896年（明治29年）12月29日午前4時頃、対馬国下縣郡久須保村（現在の長崎県対馬市美津島町の北部）の近海にて謎の魚が網にかかったことを1897年（明治30年）1月16日付の都新聞が伝えた。その魚は大きさ9寸（約27センチ）、重さは160匁（600グラム）の魚で、頬のあ

大きさ✸9寸（約27センチ）
重さ✸160匁（600グラム）
捕獲場所✸対馬国下縣郡久須保村（長崎県対馬市美津島町）
出典✸都新聞

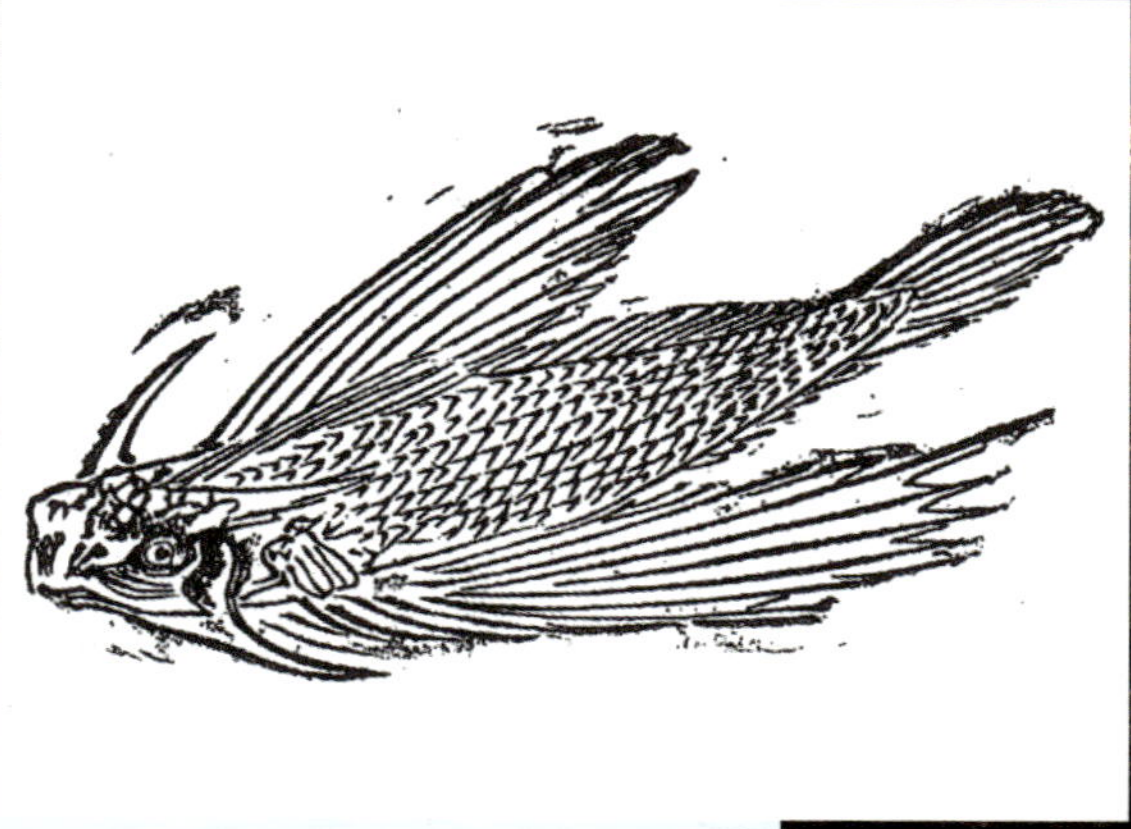

1897年1月16日「都新聞」に掲載された怪魚

たりに象牙を磨いたような白いトゲがあり、全身には黒色のトゲがびっしり生えていた。

特徴的な両翼は顎下より長く垂れており、痩身のウロコは蛇のように見えたという。捕まえた漁夫たちもこの魚の正体がわからず、都新聞ではこの魚の正体を知っている人を探していたという。

謎の魚の正体とは？

「謎の魚」が捕獲された現在の長崎県対馬市美津島町は、対馬空港にも近い港町であり、マグロやイカなどが豊富に獲れるという。この魚の詳細な図は都新聞に掲載されているが、形状から**「ホシセミホウボウ」という種類の魚と見て間違いないだろう。**ホシセミホウボウは日本全国に生息しており、対馬に生息していても不思議ではない

写真は「ホシセミホウボウ」ではなく「セミホウボウ」。胸鰭を広げて海底を滑空する。（撮影／JensPetersen）

1969年2月27日「読売新聞」。「へんなサカナ」として「象牙の生えたトゲ魚」を報じる

？？？？？？
へんなサカナ
魚河岸、首ひねる

・二十七日朝、東京・築地の魚河岸でも名前のわからないという一匹の〝怪魚〟が読売新聞社に持ち込まれた。体長四十二㌢、頭はキンメダイそっくりだが、胸ヒレは長さ二十五㌢もあり、トビウオのようにひろがる。頭上には長さ十三㌢の〝アンテナ〟つき。

ポリネシアなど南海の産らしいと本社に持ち込まれた〝珍魚〟

が、生育環境が砂底であり、捕獲される機会が少ない個体であったため「謎の魚が捕獲された」と事件記事になってしまったようだ。

なお、このホシセミホウボウのケースから約70年後の1968年（昭和43年）2月27日付の読売新聞によると、この日の早朝、東京築地の魚河岸で「名前のわからない謎の魚」が見つかり、読売新聞社に持ち込まれるという事件があった。

この魚の正体は対馬と同じくホシセミホウボウだったのだが、さすがに明治時代に比べると魚の情報が豊富なため、新聞社に持ち込んだ時点ですぐに正体が判明したという。ホシセミホウボウは長年にわたり一部の港町で「謎の魚」として扱われていたのだ。

大きさ✸7尺～8尺（2メートル50センチ前後）
重さ✸60～70貫（230キロ前後）
捕獲場所✸紀州名草郡（和歌山県和歌山市）
出典✸1888年12月26日「都新聞」

紀伊に現る！
和歌山の海坊主

老猿似の怪物が里人を驚かす

解説

紀州名草郡三井寺近辺（現在の和歌山県和歌山市紀三井寺近辺）にて、「老猿のような怪物が出没して里人を驚かす」という事件が相次いで発生。同地の人々が怪物を捕まえるために動き、1888年（明治21年）12月14日に同郡毛見浦（同市の海岸）にて捕えられた。

この怪物は大きさ7尺～8尺（2メートル50センチ前後）、重さ60～70貫（230キロ前後）で、「頭髪は茶色」「目は果物の橙ほどの大きさ」「口はワニ」「腹は魚に似ている」「尾が海老のような形」をしていたという。さらに叫び声は牛のように凄まじく妖怪「海坊主」ではないかとされている。

見た目が老猿、口がワニ、尾が海老、叫び声が牛

海側で捕獲された怪奇動物記録である。見た目が老猿、口がワニ、腹が魚、尾が海老、叫び声が牛……などなど、様々な動物の名前が出てきてややこしいことこの上ないが、冷静に考えると正体が見えてくる。ポイントは「**見た目が老猿**」「**尾が海老のよう**」の2点で、これは間違いなく鰭脚類の特徴である。そうなると、アシカかアザラシが該当し、牛のような鳴き声まで加味すると恐らく**アシカであった可能性が高いだろう。**

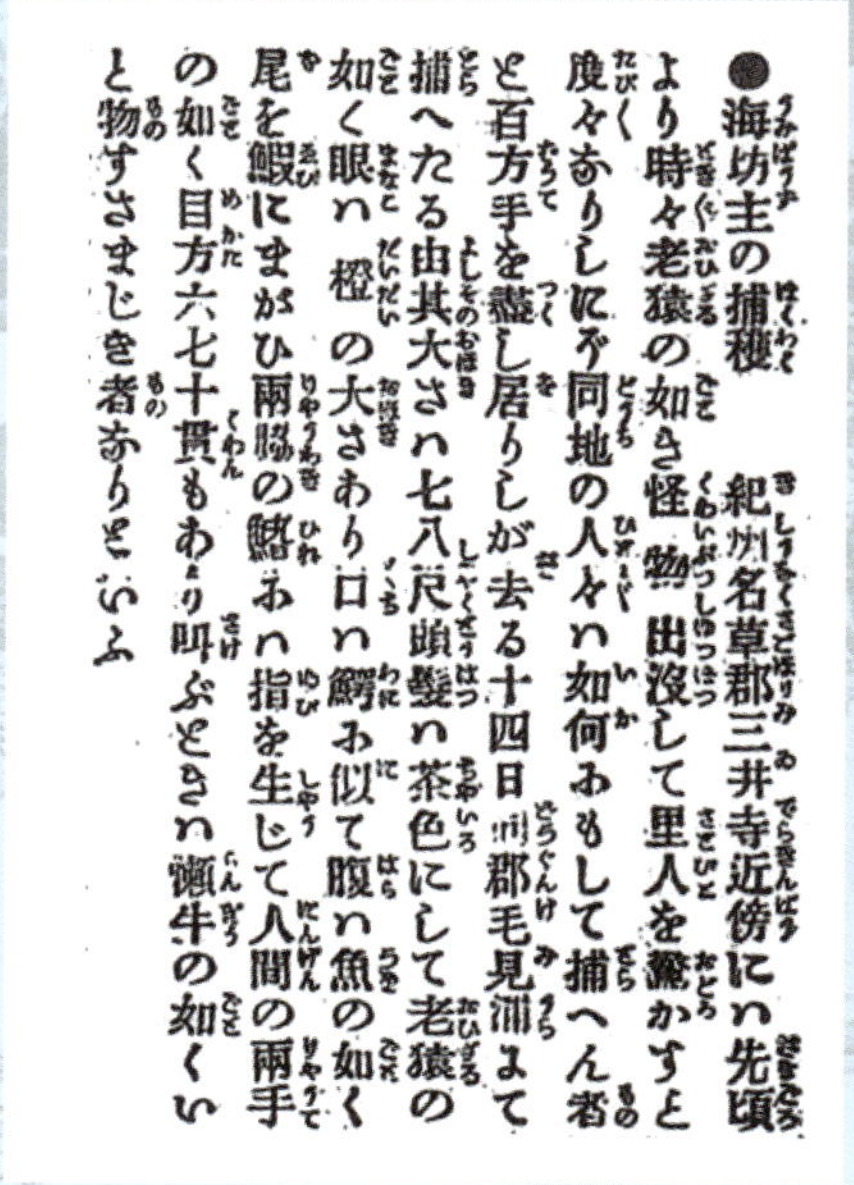

1888年12月26日「都新聞」。「海坊主」の捕獲を報じる

●海坊主《うみばうず》の捕獲《ほくわく》 紀州名草郡三井寺《きしうなぐさごほりみゐでら》近傍《きんばう》には先頃《さきごろ》より時々《とき／＼》老猿《おひざる》の如《ごと》き怪物《くわいぶつ》出没《しゆつぼつ》して里人《さとびと》を驚《おどろ》かすと度々《たび／＼》ありしにぞ同地《どうち》の人々《ひと／＼》は如何《いか》にもして捕《とら》へん者《もの》と百方手を盡《つく》し居《を》りしが去《さ》る十四日同郡毛見浦《どうぐんけみうら》にて捕《とら》へたる由其大《そのおほ》さは七八尺頭髪《しやくとうはつ》は茶色《ちやいろ》にして老猿《おひざる》の如《ごと》く眼《まなこ》は橙《だいだい》の大《おほ》きさあり口《くち》は鰐《わに》に似《に》て腹《はら》は魚《うを》の如《ごと》く尾《を》を鰕《えび》にまがひ両脇《りやうわき》の鰭《ひれ》には指《ゆび》を生《しやう》じて人間《にんげん》の両手《りやうて》の如《ごと》く目方《めかた》六七十貫《くわん》もあり叫《さけ》ぶときは癲牛《らんぎう》の如《ごと》くいと物《もの》すさまじき者《もの》ありといふ

アシカは、ニホンアシカが日本全国に生息していた時期もあり、特別珍しい動物という訳ではない。だが、動物の知識共有がまだ行われていない明治時代には「名前がわからない動物」ないしは「怪獣現る」としてニュースになるのだ。**そのため明治時代にはアシカやアザラシを妖怪扱いした記録がかなり残っている。**

（上）長谷川雪旦『魚類譜』に描かれたニホンアシカ。こちらは妖怪扱いはされていない
（下）ニホンアシカの剥製（撮影／Nkensei）

北海道の海岸に現れた
奥尻島の犬怪獣

大きさ✸3尺（約90センチ）
重さ✸不明
目撃場所✸北海道紋別分郡幌内海岸（北海道奥尻島の海岸）
出典✸1900年3月7日「朝日新聞」

ハクビシン（撮影／Denise Chan）

頭を殴ると牙を出して反撃する

解説

1900年（明治33年）3月、雪の降る北海道紋別郡幌内海岸（北海道奥尻島の海岸）にて犬のような怪獣が寝ているのが渡航中の漁夫により発見された。大きさは3尺（約90センチ）で、脚は短く、濃黒色に黄金色を帯びた体色をしていた。漁夫が犬の頭を殴ると牙をむき出しにして襲い掛かったが、返り討ちにされてしまった。

巨大なタヌキかハクビシンが怪獣扱いされた？

奥尻島は北海道の南西端に位置する離島である。問題の怪獣は、海岸という場所からすれば、アザラシやトドが考えられる。だが、「濃黒色に黄金色を帯びた体色」という特徴に当てはまる鰭脚類はいない。それに北海道の漁師ならば、さすがにアザラシやトドは見慣れているはずなので、「犬のような怪獣」とあえて表現しているということは、少なくとも四足歩行で歩く動物だったに違いない。

とすれば巨大なタヌキかハクビシンであろうか。奥尻島は哺乳類が多く生息しており、タヌキはよく目撃されるという。寒い奥尻島にハクビシンが生息しているのは不思議だが、1984年（昭和59年）を境に、なぜか当地ではハクビシンが目撃されており、昭和以前から生息しているとすれば怪獣扱いされている可能性は高い。

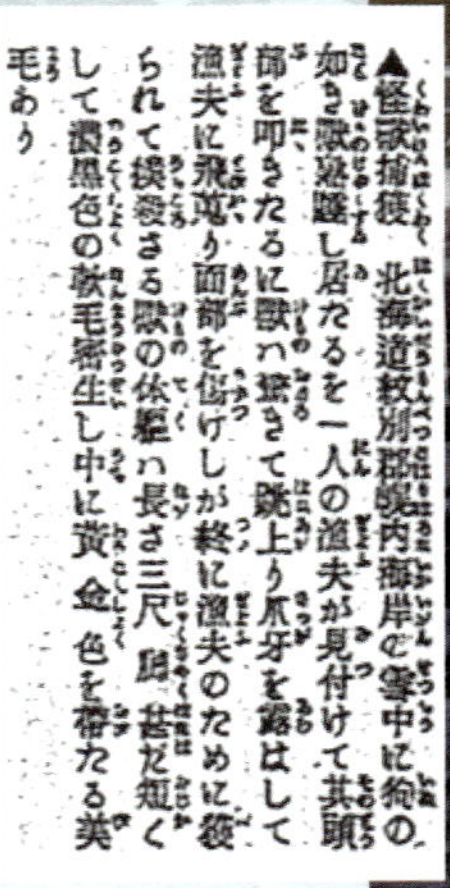
▲怪獣捕獲 北海道紋別郡幌内海岸の雪中に狗の如き獣寝臥し居たるを一人の漁夫が見付けて其頭部を叩きたるに獣ハ驚きて跳上り爪牙を露はして漁夫に飛蒐り面部を傷けしが終に漁夫のために毆られて撲殺さる獣の体躯ハ長さ三尺 脚甚だ短くして濃黒色の獣毛密生し中に黄金色を帯たる美毛あり

1900年3月7日「朝日新聞」。「奥尻島の怪獣」を報じる

脳天から旗竿のような枝が生える

伊豆下田の怪魚

伊豆下田で捕獲

解説

1904年(明治37年)6月上旬、伊豆下田(静岡県下田市)の海岸で奇妙な魚が捕まった。この魚は全身真っ黒で灰色のトゲがあり、脳天より1本の旗竿のような枝が生え、さらに2本の角が生えていた。大きさは1尺4寸(約42センチ)、胴周り2尺(60センチ)ほど。オコゼの一種と思われ、とにかく珍しい魚のため東京浅草の「珍世界」に出品された。

採取されたチョウチンアンコウ

珍魚の正体とは?

枝のようなものが生えたこの魚の正体は、身体の色や特徴から推測するに「チョウチンアンコウ」ではないかと思われる。チョウチンアンコウはアンコウの一種で、深海魚としてはメジャーな存在だが、明治時代には知っている人があまりいなかったのではないだろうか。

ちなみに東京浅草の「珍世界」とは、1902年(明治35年)から1908年(明治41年)まで浅草にあった見世物小屋であり、珍しい動物の剥製などを集めた施設である。

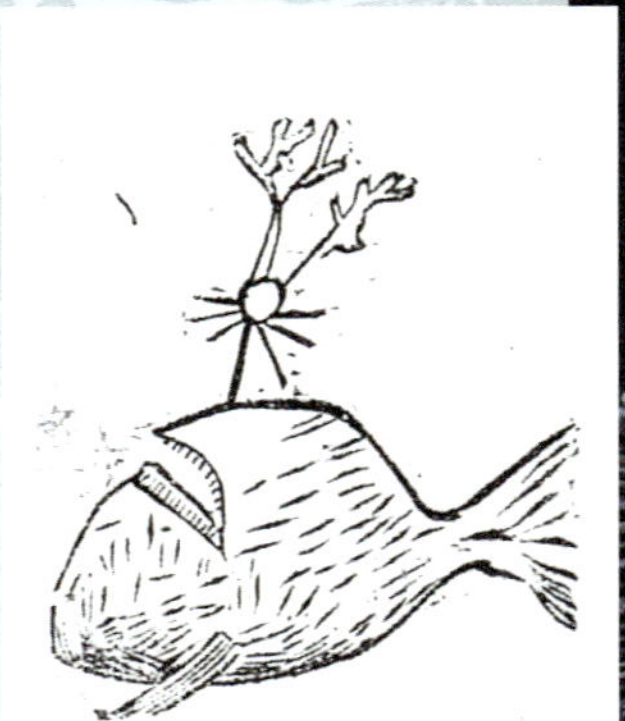

1904年6月21日「新愛知」に掲載された「脳天から旗竿のような枝が生える黒い魚」の図

大きさ✸1尺4寸(約42センチ)
重さ✸不明
目撃場所✸伊豆下田(静岡県下田市)
出典✸新愛知

漁夫が捕獲！
隅田川の大怪魚

（上）大怪魚の正体と思われるオキゴンドウ（撮影／ Hideyuki KAMON）
（下）1908年3月29日「都新聞」に掲載された「大怪魚」

大きさ✸ 1丈（約3メートル）
重さ✸ 45貫目（170キロ）
目撃場所✸ 東京都「隅田川」近辺
出典✸ 都新聞

東京のド真ん中の怪獣譚

解説

全長23・5キロメートル、東京の下町を流れる隅田川に「大怪魚」が現れ捕獲されたのは、1908年（明治41年）3月27日午前9時ごろのことであった。当時の新聞によると、怪魚は新大橋下に現れ、漁夫や舟夫がそのあとを追った。午前11時頃に鐘ケ淵まで北上し、その後も隅田川をウロウロと泳ぎ続けた。そして翌3月28日午前6時ごろ、千住大橋付近で捕獲されたという。

イルカか、それともクジラか

捕獲された怪魚は、大きさが1丈=10尺（約3メートル）、重さ45貫目（170キロ）という大物で、背は濃い灰色、腹部は純白であった。この怪魚は3月29日から千住大橋近くで5日間、有料で見世物にされる予定だった。

3月29日付の都新聞にこの怪魚の鮮明な写真が掲載されている。正体についてはイルカという説もあるが、約3メートルの巨体、大きな口や色から考えてオキゴンドウというクジラの一種ではないかと思われる。オキゴンドウは鋭い歯を持ち、シャチモドキと呼ばれるほど狂暴なクジラであり、隅田川がパニック状態になるのは当然であった。

見世物にされた怪魚の骨や標本の存在は現在まで確認されていないが、本事件を記録した絵馬が2024年現在も東京都足立区の押部八幡神社に奉納されている。「隅田川の捕鯨絵馬」と称されるこの絵馬は、大きな怪魚にモリを片手に立ち向かう勇敢な男性の姿が描かれており、この絵馬が令和の現在に大怪魚捕獲事件を伝える唯一の史料ではないかと思われる。

●五尺三寸《ごしやくさんずん》の大鯉《おほごひ》　静岡縣安倍郡北機

機村《はたむら》 鯨池《くぢらがいけ》と云《い》ふは同郡《どうぐん》にても有名《ゆうめい》なる大池《おほいけ》にて魚類《ぎよるい》の繁殖《はんしよく》非常《ひじやう》に多く毎年《まいねん》東京《とうきやう》より名士華族《めいしくわぞく》等《ら》赴《おもむ》きて之《これ》を捕漁し一日の清遊《せいいう》を樂《たの》しむ程《ほど》なるが去《さ》る三日午前《ごぜん》六時《じ》頃同村漁夫《ころどうそんぎよふ》萩間金藏《はぎまきんざう》外《ほか》五名《めい》は同池《どうち》に於《おい》て怪《あや》しの大物《おほもの》を發見《はつけん》し網《あみ》數枚《すまい》をかけて之《これ》を捕獲《ほくわく》したるに驚《おどろ》くべし右《みぎ》は長《なが》さ五尺三寸《ごしやくさんずん》に及《およ》べる大鯉《おほごひ》なりしより運《はこ》び歸《かへ》りて飼養《しやう》中《ちう》なるが之《これ》を聞《き》きたる附近《ふきん》の村民《そんみん》は珍《めづ》らしがりて見物《けんぶつ》に行《ゆ》くもの多《おほ》しと

1909年6月5日「都新聞」。5尺3寸の大鯉が釣り上げられたことを伝える

大きさが人間と変わらない

鯨ケ池の巨大鯉

静岡県「鯨ヶ池」で捕獲された

解説

1909年（明治42年）6月5日付の都新聞に掲載された怪奇動物譚である。静岡県安部郡北賤機村（現在の静岡県静岡市葵区）鯨ヶ池にて、6月3日、5尺3寸（1メートル60センチ）の大鯉が捕獲されたという。

大正天皇も目撃していた？

鯨ヶ池は当時、水が非常に綺麗だったため、江戸時代から魚類の繁殖地として有名だ。大鯉騒動が発生する8年前の1901年（明治34年）には、皇太子時代の大正天皇が訪れたという記録がある。

通常、鯉は60センチから1メートル程度しか大きくならないため、記事の通り1メートル60センチの大鯉が捕獲されたとしたら大パニックであろう。**この大鯉は、同地にて飼育されたらしいが、その後どうなったのかは不明だ。**

鯨ヶ池は、現在もヘラブナやオイカワなど多く釣れる場所として釣りファンの間で人気のスポットであるが、かつては外来種である「ライギョ（カムルチー）」なども釣れたという。

大きさ✸5尺3寸（約1メートル60センチ）
重さ✸不明
目撃場所✸静岡県安部郡北賤機村《きたしずはたむら》（静岡県静岡市葵区）
出典✸1909年6月5日「都新聞」

海軍学校の訓練生が目撃
東京湾猿島の怪獣

猿島の怪獣

▽海軍機関学校生徒の實見

[illegible]春の彼岸に当る四日の午前[illegible]
[illegible]須賀海軍機関学校[illegible]の[illegible]田海軍一等[illegible]
官が指揮官となり同校生徒[illegible]二艘の端
艇に分乗して同校[illegible]より[illegible]手[illegible]
さしく猿島方面に向ひしが数海里手前な
る猿島の根岸に当り真白きものがフワリ
フワリ動き居るを發見せしより[illegible]一
同は大に怪しみ何者ならんと大に近寄
り見れば波打寄する大なる岩石に六七尺
餘もあらんと思はる、全身白色の怪獣が
半身を現し居るにぞ一同は[illegible]に勇み立
ちいで〳〵捕獲し呉れんづと二手に分れ
件の怪獣を挟打ちに寄し各自オールを以
て亂打せしに怪獣は岩石より滑り落ち水
中に姿を没したるより一同は尚も捜索に
努めたるに怪獣は再び現れ長く延びたる
毛を振立て音を揚げたる猿島北方[illegible]附近に
[illegible]に似て顔[illegible]く水[illegible]を有し居
り疲労せしもの、如くなりしかば一同全
身の力を[illegible]し捕獲準備に取掛りしが何分
[illegible]校の時間切迫せしため[illegible]にして同校
したり此事を聞きし他生徒等は端艇数隻
に分乗して猿島附近の海中を捜索したる
が今尚捕獲するに至らず（横須賀電話）

1910年4月6日「朝日新聞」。「猿島の怪獣」を報じる

オットセイに似た凶暴な怪獣が海軍を襲う

解説

1910年（明治43年）4月4日、東京湾に浮かぶ猿島近くで行われた海軍学校のボート訓練中に、訓練生数名が海に浮かぶ怪獣に遭遇した。この怪獣は全身が白く6～7尺（2メートル）ほどの大きさであった。遭遇した訓練生達は各自ボートを操り、オールで怪獣を殴打。怪獣は水中に逃げ込み、その後浮上することはなかった。怪獣の姿は北海道に生息しているオットセイに似ていたという。

正体は「トド」か

猿島は東京湾に浮かぶ無人島で、現在は観光地としても人気が高い。記事では「オットセイに似ている」とのことで、オットセイを除いた鰭脚類《ききゃくるい》（アシカ、アザラシ、トド）のいずれかで間違いないだろう。右記の三種でオットセイにいちばん似ているのはトドであり、**メスのトドはオスに比べて淡い木褐色であるため白色に見えなくもない。**

トドは東京湾に現れることが稀にあり、2023年（令和5年）1月には、北海道に住んでいたトドが南下して東京湾に迷い込みニュースになった。そのため「猿島の怪獣」の正体はメスのトドであった可能性が高い。

大きさ✸6～7尺（180～200センチ）
重さ✸不明
目撃場所✸東京湾「猿島」付近
出典✸1910年4月6日「朝日新聞」

大阪の海に現る 雑魚場《ざこば》のワニ型奇魚

サメと亀の特徴を持つ？

大きさ✹10尺3寸（3メートル90センチ）
重さ✹10貫（37キロ）
目撃場所✹山口県下関市～大阪府
出典✹大阪時事新報

解説

1910年（明治43年）5月25日の朝、大阪の雑魚場《ざこば》に奇妙な姿をした魚が現れた。この魚は山口県下関市で捕獲されたもので、大きさは10尺3寸（3メートル90センチ)、重さは10貫(37キロ)ほど。全身はサメに似ており、背中は亀の甲羅のように鉢型の硬いウロコが13枚ほど付いていた。頭は、前から見るとワニに似ており、鼻の穴と目の間に潮吹きらしき穴が付いていたという。普段から多くの魚に触れている雑魚場の関係者も「見た事がない魚だ」と首をかしげるばかりだという。この謎の魚の鑑定は動物の解剖師の男性が行い「この魚はチョウザメという北海道に住む魚ではないか」としている。

硬いウロコに覆われていた

この雑魚場の魚の正体については、解剖師の言う通り、**チョウザメの一種である可能性が高い。**チョウザメは、サメという名前ではあるが、サメの仲間ではなく古代魚とされる分類群の一種で、海水魚ではなく淡水魚である。

チョウザメの特徴は背中に生えた硬い蝶型のウロコであり、今回のケースと一致している。チョウザメは卵が高級食材のキャビアになるため、現在では著名な魚類と言えるが、少なくとも日本では明治時代まで謎の多い魚であったようだ。

特にチョウザメは、寒い地域の淡水にしかおらず、現在の日本での生息地は北海道石狩市近辺と限られており、江戸時代に描かれた図『異魚図賛』ではチョウザメは、人々から奇異の目で見られ、化物の様な見た目で描かれている。

生息地が限られている淡水魚であるチョウザメが、なぜ本州の南端である下関の海域まで流れてきたのか。果たして、川から海へ迷い込んだチョウザメが潮の力で下関まで流れてしまったのだろうか。

チョウザメは固いウロコに覆われているため寿命

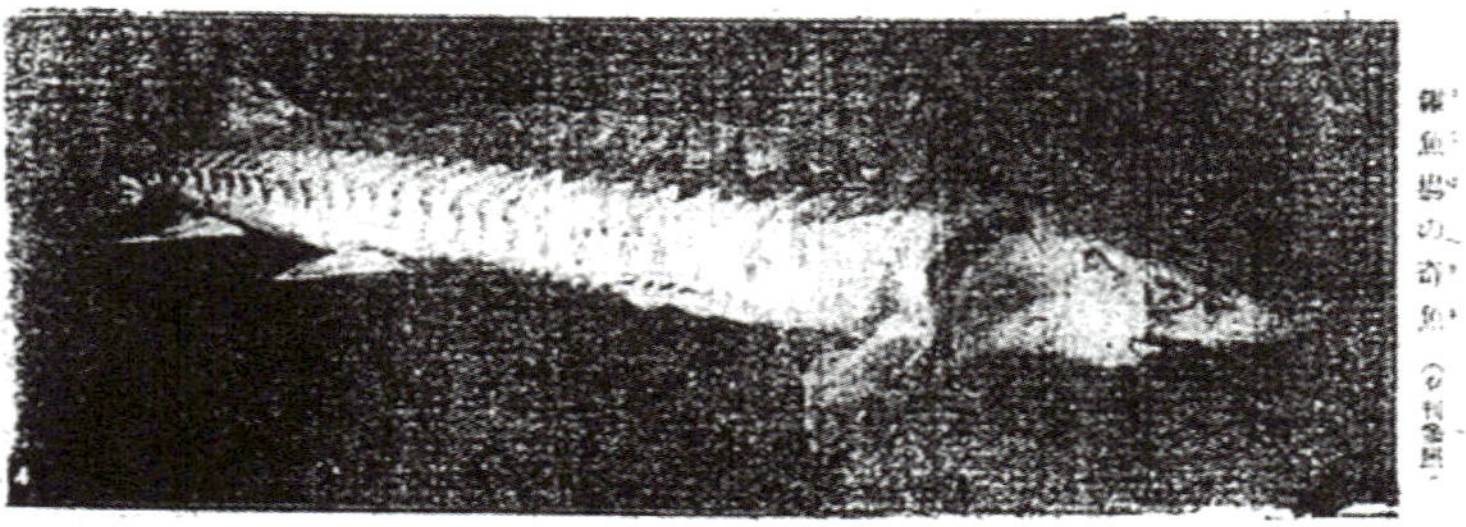

（上）1910年5月26日「大阪時事新報」に掲載された「雑魚場の奇魚」
（下）チョウザメ（撮影／ Cacophony）

が長く１００年以上生きる事もあるという。この奇魚は気が遠くなるほどの長い間、海中を彷徨っていたのではないだろうか。

海中から現れた！

海上の大怪猫

大きさ✸不明
重さ✸不明
目撃場所✸愛媛県西宇和郡佐田（愛媛県西宇和郡伊方町）
出典✸1912年4月20日「南海新聞」

「猫の化け物」に遭遇

解説

1912年（明治45年）4月9日午前6時、山口県下大島（現在の山口県周防大島）の和泉港から愛媛県西宇和郡佐田

（現在の愛媛県西宇和郡伊方町）へ向かう船が、大怪猫（猫のバケモノ）に遭遇した。この大怪猫は海中から船に向かって襲い掛かってきたという。この海域には古くから「タコの怪物が現れる」「船幽霊が現れる」といった怪談が伝わっており、恐怖に感じた船員は大怪猫から逃げたが視界が悪いこともあり、岩礁に乗り上げてしまった。結果、船に穴が空き、積荷はダメになってしまったが、不幸中の幸いで乗組員に怪我人は出なかった。

正体は海の幽霊か

記事を読む限り、大怪猫の正体は不明。だが、「海のなかから浮上する猫」と考えると、こちらも**やはりアザラシやアシカだったのではないだろうか。**特にアシカはアザラシと違い、耳た

1971年7月17日「毎日新聞」が報じた「カバゴン」。海獣の可能性がある

ぶが付いているため、遠目から見ると猫や犬に見えなくもない。

なお、こちらは国内の記録ではないが、1971年（昭和46年）に日本の遠洋漁業船がニュージーランド沖で遭遇したという怪獣「カバゴン」は、海面からヌッと顔を出し「漁業船の船員を驚かした」という「海上の大怪猫」によく似た話が記録されている。カバゴンのケースもアシカやアザラシ、トドの誤認という説があり、海上において海獣類は、最も怪奇化する動物と言えるだろう。

間違いやすい海獣4種（上からゴマフアザラシの幼獣・アシカ・トド・若いナンキョクオットセイ）。アシカには耳たぶがあり、アザラシにはない。耳たぶがあり巨体なのがトド。オットセイとアシカは毛が長く耳が長い。脚はアザラシのみ後脚が魚のような形（尾鰭が長い）をしている

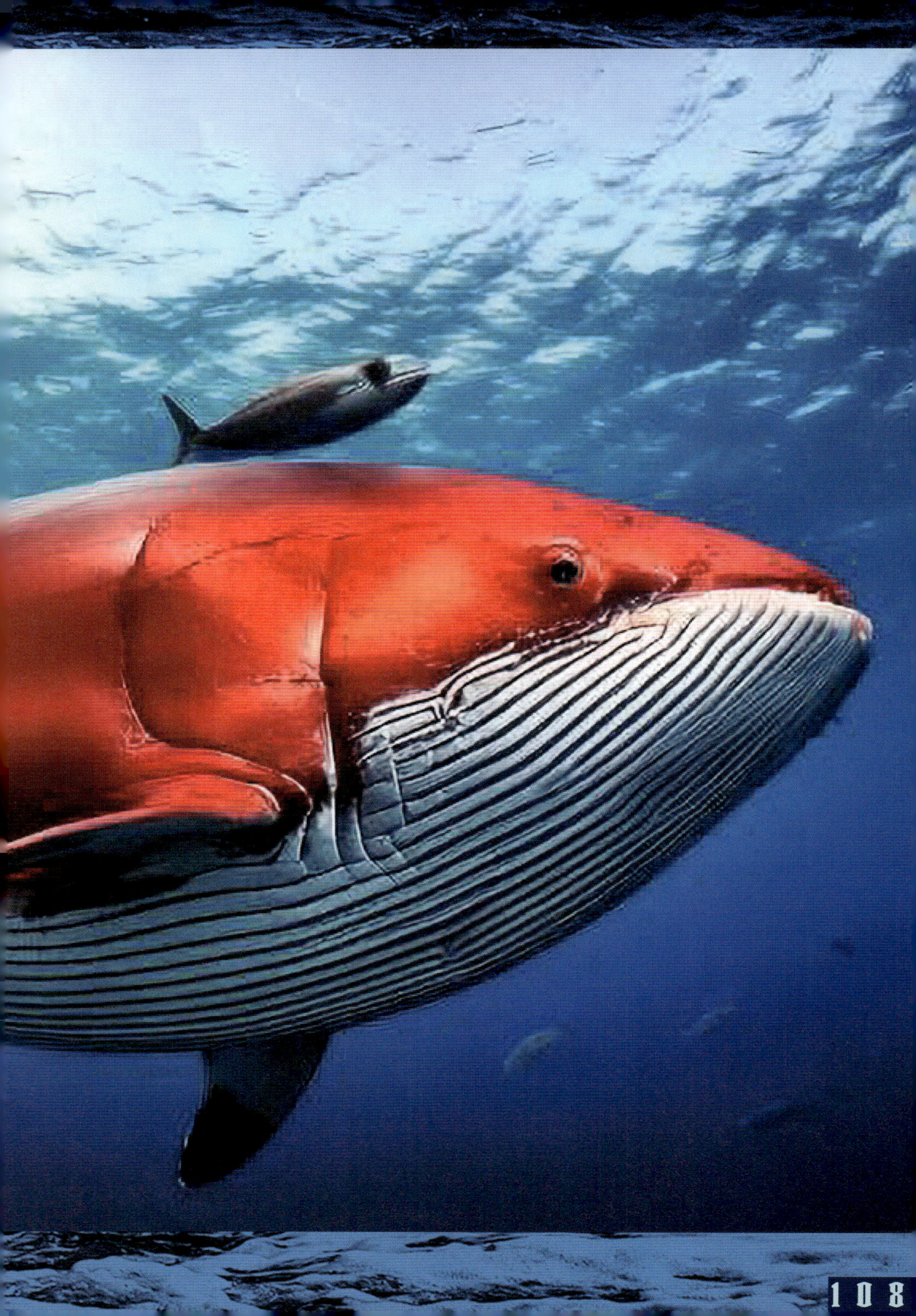

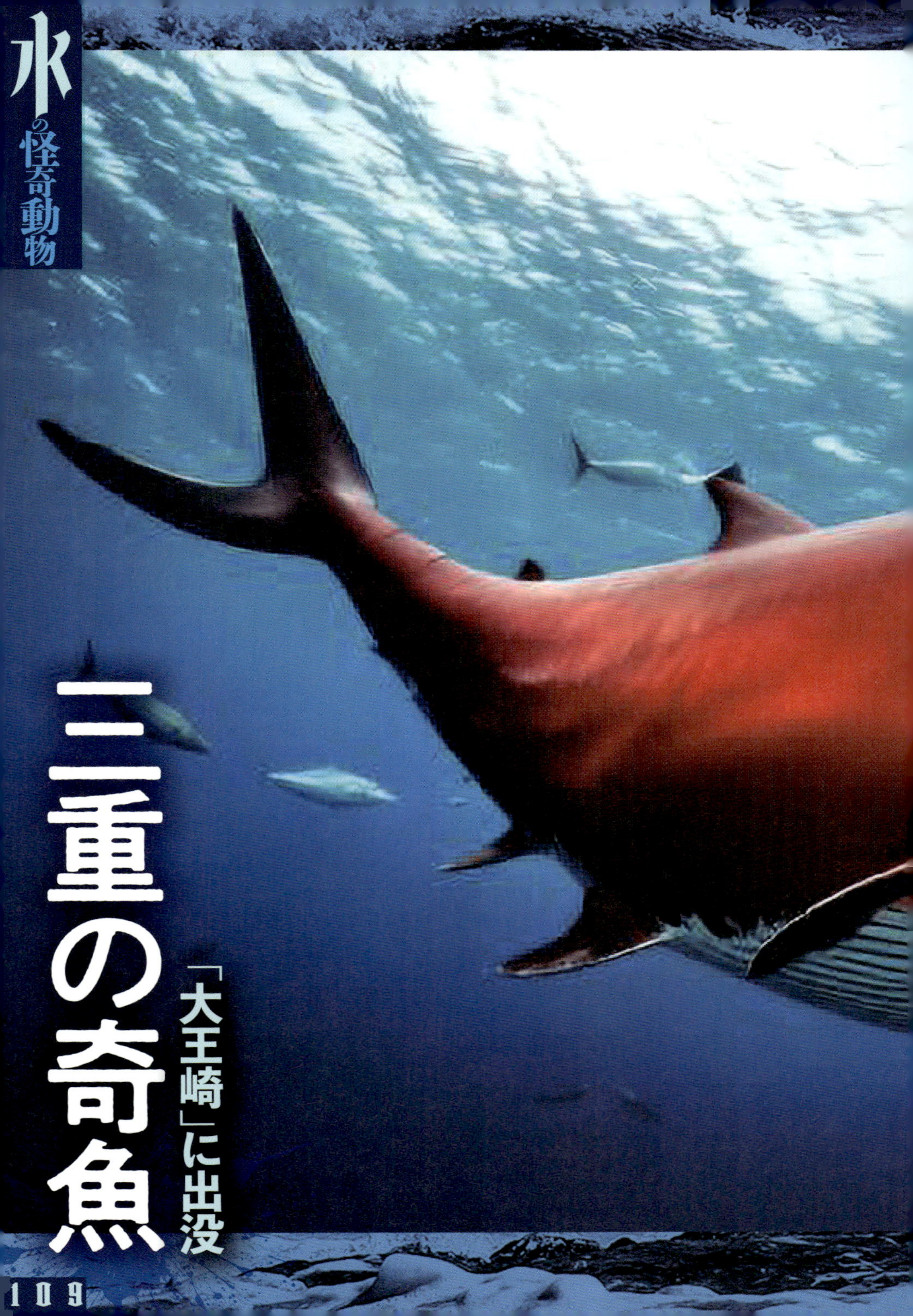

三重の奇魚

「大王崎」に出没

頭がクジラで尾がマグロ

解説

昭和時代に入ると、それなりに動物や魚類の知識が全国的に共有されるようになったが、怪しい奇魚の捕獲例はまだまだ存在する。1935年（昭和10年）12月20日、三重県の大王崎（三重県志摩市大王町にある岬）にて、「頭がクジラで尾がマグロ」「全身がタイ」「マンボウのような姿をした魚」が捕獲された。大きさは8尺（約2メートル40センチ）、胴の周り7尺（2メートル10センチ）重さは30貫（112キロ）という巨大魚で、漁師たちもいままで見たことのない魚であるとして大騒ぎした。

大きさ✸ 8尺（約2メートル40センチ）
重さ✸ 30貫（112キロ）
目撃場所✸ 三重県「大王崎」（三重県志摩市大王町）
出典✸ 1935年12月26日「大北日報」

クジラ、タイ、マグロ、マンボウの合体魚

クジラ・マグロ・タイ・マンボウという4種の魚が合体したキメラ（嵌合隊《かんごうたい》）のような魚だが、ひとつひとつ精査することで正体が見えてくる。

尾がマグロということは、少なくとも尾（尾鰭）が生えている。マンボウは舵鰭という背鰭と臀鰭が合わさった尾があるため、少なくともマンボウには似ているがマンボウではない、ということになる。「全身がタイ」という表現は、身体がタイのように赤色であることを表していると思われる。「頭がクジラ」というのはピンとこないが、**この奇魚の正体は「アカマンボウ」という魚であっ**

た可能性が高い。

アカマンボウは、名前こそマンボウだが、リュウグウノツカイに近い深海魚である。日本での分布は北海道から九州南岸の太平洋沿岸と幅広いため、三重県で捕獲されても不思議ではないが、深海魚ゆえに漁師の目に触れなかったのではないかと思われる。

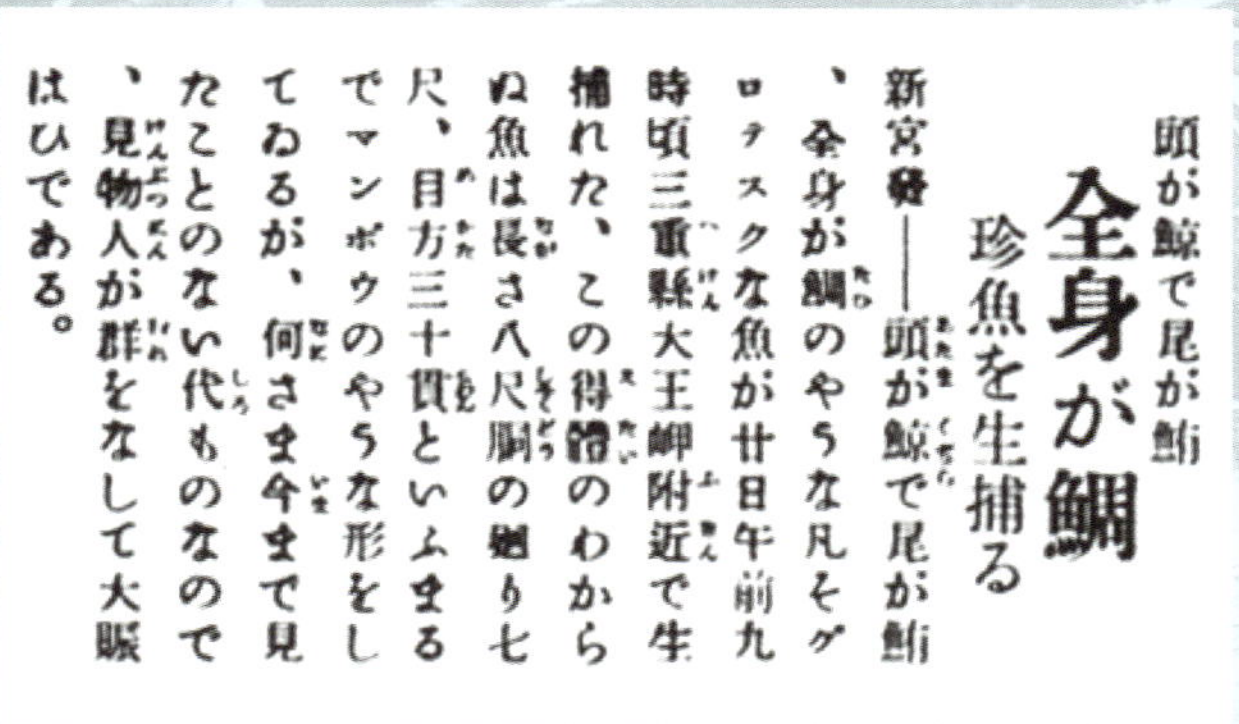

頭が鯨で尾が鮪

全身が鯛

珍魚を生捕る

新宮發――頭が鯨で尾が鮪、全身が鯛《たひ》のやうな凡そグロテスクな魚が廿日午前九時頃三重縣《けん》大王岬附近《ふきん》で生捕れた、この得體のわからぬ魚は長さ八尺胴の廻り七尺、目方三十貫といふまるでマンボウのやうな形をしてゐるが、何さま今まで見たことのない代《しろ》ものなので、見物人が群《むれ》をなして大賑はひである。

（上）捕獲されたアカマンボウ
（下）1935年12月26日「大北日報」。「全身が鯛」と奇魚の生捕を伝える

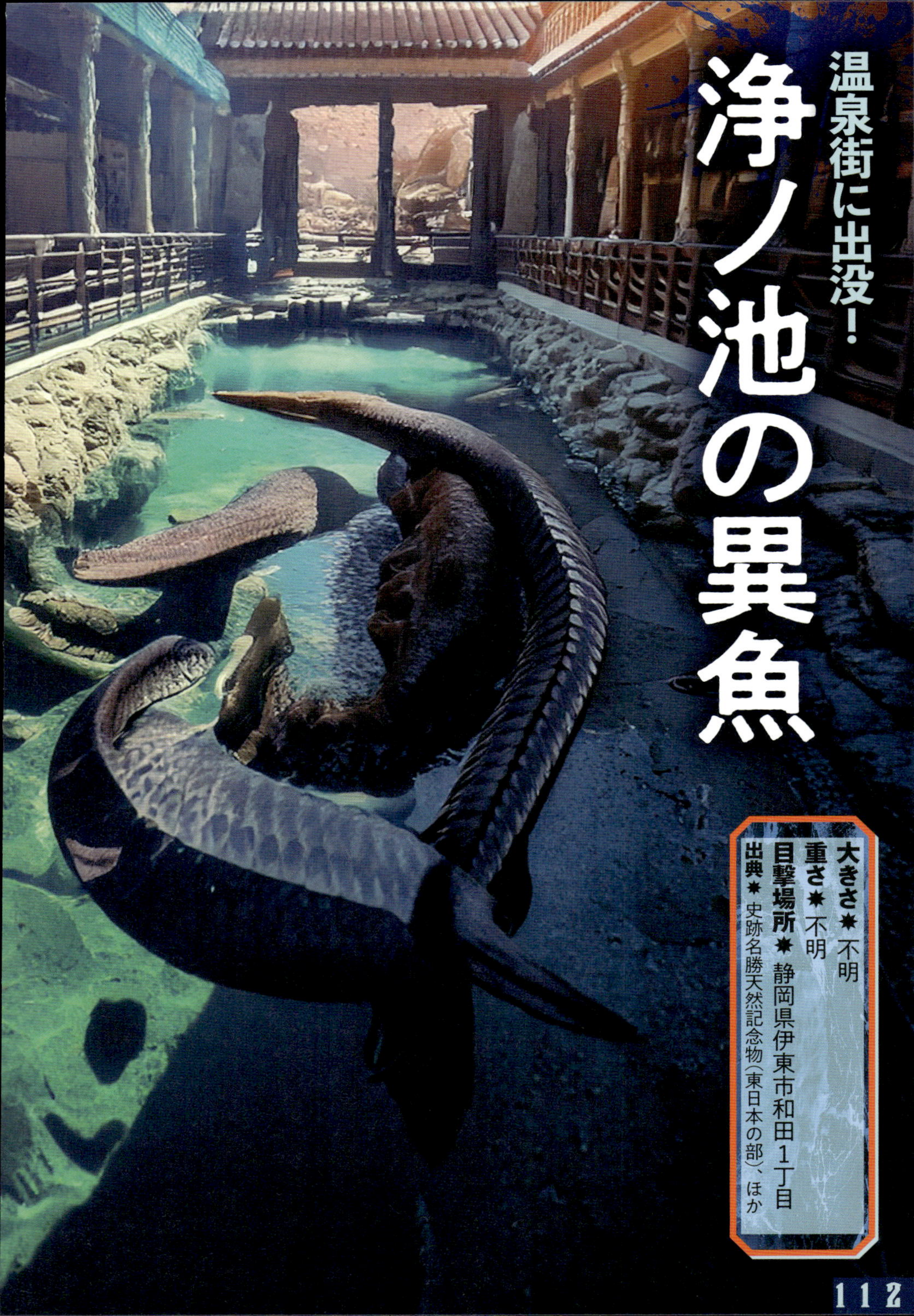

温泉街に出没！

浄ノ池の異魚

大きさ✸ 不明
重さ✸ 不明
目撃場所✸ 静岡県伊東市和田1丁目
出典✸ 史跡名勝天然記念物（東日本の部）、ほか

南方にいるはずの毒魚やオオウナギのような怪獣

解説

静岡県伊東市には、かつて「浄ノ池《じょうのいけ》特有魚類生息地《とくゆうぎょるいせいそくち》」と呼ばれる不思議な池があった。水面積は約15坪（49・5平方メートル）、深さは75センチメートルのほどの大きさしかないが、地下から絶えず微温湯が湧き出ており、常に26～28度の温度で保たれていた。そのような特異な水質のため、この池には古くからオオウナギ、オキフエダイ（毒魚）、ユゴイ（湯鯉）、コトヒキ（じんなら魚）、シマイサキなどの同地にいないはずの南方地域の魚が多く生息していた。

これら魚類は、少なくとも江戸時代の1800年頃には生息していたようだが、いつごろから同地にいたのか、誰が持ち込んだのかは一切不明であった。

明治時代に入ると、その特異な環境、生態系に注目が集まり、1922年（大正11年）には国の天然記念物に指定された。その前後には多くの観光客が押し寄せ、絵葉書なども販売されていた。

だが、1958年（昭和33年）に発生した狩野川台風により、池が増水し異魚が流れ出るなど壊滅的なダメージを受けて、池が崩壊。魚が居なくなったことで、1982年（昭和57年）には天然記念物指定が解除。池は埋め立てられ、跡地には別の建物が建っている。

「浄ノ池」は南方の外来魚が生息できる

浄ノ池は、100年以上に渡り南方の魚が独自の生態系を形成してきた奇妙な池である。かつて池があった建物には、池の跡を示す看板が建てられていたが、2021年前後に外されてしまった。そのため現地には浄ノ池通りを示す看板および浄ノ池に棲んでいたコトヒキ（じんなら魚）のことを書いた室生犀星による詩碑など数点が残る程度であり、

「じんなら魚」のことを書いた室生犀星による詩碑（撮影／著者）

ほぼ忘れられた観光地といっても過言ではない。

伊東市は、「ハトヤホテル」に代表されるように天然の豊かな良質な温泉が湧き出る街であり、市内には数多くの浴場が存在する。そのような環境下であるため、たまたま放たれた南方の外来魚が生息できる池が形成されたと思われる。

なお、筆者は2024年8月、浄ノ池のことを覚えている地元老人へのインタビューに成功している。その際、「浄ノ池が崩壊した後も一部の魚は唐人川に逃げ込んだ」「一部の魚は現在も生息している」と教えていただき、実際に写真も見せてもらった。

浄ノ池に生息していた魚たちの子孫は、未確認生物のように人目に触れることなく、いまも生き続けているのである。

天然記念物浄「池異魚」の絵葉書（筆者所蔵）

大きさ✸ 約3メートル
重さ✸ 不明
目撃場所✸ 山梨県富士山麓「本栖湖」
出典✸ 1972年8月31日「毎日新聞」

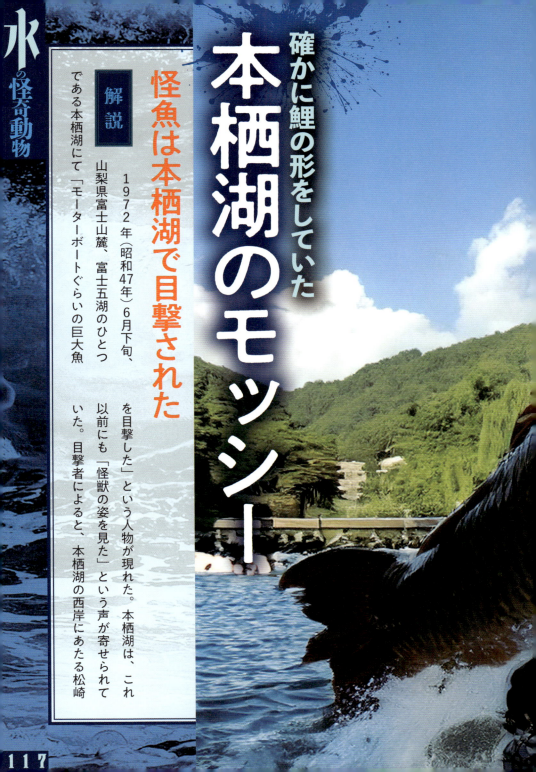

確かに鯉の形をしていた
本栖湖のモッシー

怪魚は本栖湖で目撃された

解説

1972年（昭和47年）6月下旬、山梨県富士山麓、富士五湖のひとつである本栖湖にて「モーターボートぐらいの巨大魚を目撃した」という人物が現れた。本栖湖は、これ以前にも「怪獣の姿を見た」という声が寄せられていた。目撃者によると、本栖湖の西岸にあたる松崎という沖合30メートル付近に、大きさ3メートルはある怪魚がいたという。

この怪魚は、色が黄色で背ビレや尾ビレが付いており、30分以上も付近を浮いていたという。目撃者の男性は、養魚を生業としており、「確かに鯉の形をしていた」と語っている。

モーターボート大の鯉の正体とは？

本栖湖は、未確認生物ファンの間では「モッシー」の目撃談が残る場所として知られている。モッシーは、1970年代中盤あたりから本栖湖近辺にて目撃談が相次ぎ、マスコミにも注目された。

本例は、あまたのモッシー関連報道のなかでは極めて初期のものと思われ、モッシーという名称がまだ付いていないのが特徴といえる。

1972年8月31日「毎日新聞」。モッシーの目撃談を報じる

2024年現在、モッシーといえばネッシーのような恐竜タイプが一般的であり、その影響もあるのか本栖湖近くの土産物屋では恐竜の姿をしたモッシーのステッカーやスタンプ、さらには人気アニメ『ゆるキャン△』とのコラボグッズまで販売されていた。

だが、筆者が本栖湖へ取材に行った際には、モッシーのことは知っていても、モッシーの前日譚といえる「巨大な鯉」の話は地元住民すら忘れている状態であった。

なお、本栖湖にはモッシー騒動以前にも巨大な鯉が釣れるケースが報告されており、1972年（昭和47年）8月31日付の毎日新聞でも終戦直後に1メートル30センチの鯉が釣り上げられたと記されている。

本栖湖の全景（撮影／著者）

「古ヶ崎水門」で目撃！ 江戸川の怪魚

大きさ✹ 2メートルほど
重さ✹ 不明
目撃場所✹ 千葉県松戸市、ほか
出典✹ 1972年11月2日「週刊大衆」

丸い目にヒゲ、全身が茶色の怪物

解説

1972年（昭和47年）10月12日、江戸川を通る千葉県松戸市の葛飾橋近くの古ヶ崎水門で「怪魚」が目撃された。その怪魚は2メートルほどの大きさで、丸い目にピンと張ったヒゲ、全身が茶色で這った後に爪のような跡が付いていたという。

本事件を調査した1972年（昭和47年）11月2日発行の「週刊大衆」では、4ページにわたり現

地取材を決行。近隣住民の話では「この怪魚は大小合わせて2体おり、水面から顔をだして、猫のようにギャオンギャオンという声を出す」という。加えて「ここ（江戸川）は昔から怪魚が有名で四貫目（約15キロ）の草魚が取れたり、尻の穴に指が3本入る目の大きな大魚が取れた」というが、今回あらわれた怪魚はそのどちらでもなく、トドやアシカに似ていたという。

同紙で取材を受けた動物の研究家も「この怪魚は少なくとも魚ではない。アシカやトドの可能性が高い」とコメントを出している。

正体はマッドドン？　エディー？

この「江戸川の怪魚」だが、現代に伝わる2種類のUMA情報が入っている。

週刊大衆

『出たぞ![illegible]川の怪魚』で会社を休んだ人が千人

〝面白いこと〟はたびたびあったほうがよい

このせちがらい日々に、フッと心の躍るような出来事がある。たとえば、ジャコビニ流星群、これは〝天のいたずら〟でがっかりだったが、今度は〝怪魚騒ぎ〟。ネス湖の怪獣にも比して大騒ぎする楽しさ——。とてつもない〝話のタネ〟として、ワクワクするではないか。やれ、アシカだ、トドだ、さらにはクジラ説まで飛び交って愉快、ユカイ。

「それは私が近づいていったらヌウッと立ちあがって川に入ってしまったんですよ。

たしか、十月十二日の午前五時十五分ごろでした。二メートルぐらいありましたね。あとに、おとなのてのひらぐらいの爪あとが残っていました。魚じゃなかったですね。丸い目とピンと張ったヒゲがありましたよ。全身茶かっ色で、アザラシより長い手足をもっていました」（〝怪魚〟の全身を最初に目撃した正木伸さん）

江戸川の上流に突如〝怪魚〟出現！　ピーンと〝ネス湖の怪獣〟を連想してか、川べりは連日連夜の大賑わい。

ひと目でいいからその怪魚を見ようと集まった人、カメラを用意して怪魚をフィルムにおさ

か迷惑顔。

怪魚のほうもびっくりしたらしく、人がたくさん集まるようになってからはいっこうに姿をみせない。

怪魚クンにとっては人間のほうこそ怪獣めいてみえたことだろう。

国道六号線（水戸街道）を北に進んでゆくと、東京と千葉の境界、新葛飾橋に出る。そこから一キロほど上流に旧葛飾橋がかかり、さらに二キロほどさかのぼると、古ケ崎の水門に出る。

松戸市古ケ崎の対岸は、すでに埼玉県である。

〝怪魚〟は当初、古ケ崎の水門付近に出没した。

そこが賑わいだした十五、十六日には、旧葛飾橋から新葛飾

「なんでも、大きいのと小さいのと二頭いるっていう話です。親子か夫婦かわかりませんが。私は金曜（十三日）に見ましたよ。黒か茶の、ずんぐりした頭が川の中ほどに浮かんでいました。五〜六〇センチは水面から出ていたようです」（新葛飾橋付近で〝某釣り師の話〟）

また、旧葛飾橋付近に毎日釣りに来ているという人は、

「私は、最初はゴミかと思いましたよ。でもゴミにしては大きすぎるし……」

そのうちにだれかが〝土左衛門だ！〟と叫んだんです。私は〝いや、土左衛門ならあんな浮かび方はしねえ〟といってやったんです。そんならなんだということになり、結局アザラシみてえな生きもんだということに

足元を通り過ぎた黒いモノ

浮谷さんは十月一日にも、この怪魚らしきものを目撃している。もしそれが本当なら、最初の目撃者ということになるが、

「その日、いつものように釣りをしていた私の足元のところを黒いものが通り過ぎたんです。水面には出ませんでしたが、潜水艦のような感じがしました。コイなら私にはすぐわかりますよ。あれはコイじゃありませんね。朝の十一時ごろだったと思います。とにかく大きくて、ぞっとしましたよ」

旧葛飾橋付近は、コイやフナが豊富な場所として有名。

記者が〝怪魚〟について話しかけると近くにいた人も寄ってきて、ひとしきり怪魚談義。

「ギャオン、ギャオンと猫みたいな鳴き声を出すって話だよ」

とか、

「ここは昔から〝怪魚〟で有名で、四貫目もある草魚がとれたり、尻の穴に指が三本も入る目の大きな珍魚がとれたり、すごいもんだよ」

〝怪魚〟に直接被害を受けた、という人もいる。

「私は数百メートルに渡ってハエナワを毎夜しかけているんです。タバコの太さぐらいのビニールのひもに糸と針をつけて流しておくんですが、それがやられてしまいましてね。かかったコイが〝怪魚〟に食われ

んですよ。

れてクシャクシャになっていましたし、その部分にはコイが一匹もかかっていませんでした」

（松戸市漁協の漁場監視員・石川徳也氏）

石川さんは一日中漁場を〝監視〟しているせいか、怪魚を見た回数も多い。

「金曜の昼ごろ、うす黒いものが川の中ほどに浮かんでいたんです。その周囲に波がたっていなかったので、はじめはゴミかと思いました。でも、フッと沈んだかと思うと少し先にまた頭を出したんで、生きものとわかったんです。つぎは旧葛飾橋の下で見ました。そして十六日にはずっと下流の〝八切の渡し〟のところで見ました。そのときは頭が小さかったので、別のや

正体はどうやらトドらしいというのだが……

1972年11月2日「週刊大衆」。「江戸川の怪魚」を報じる

江戸川に住んでいた目が大きい怪魚

ひとつは「マッドドン」。もうひとつは「エディー」である。

マッドドンは現在、ファンに知られている情報だと「1972年に千葉県松戸市に現れたアザラシに似たUMA」であり、週刊大衆の記事は「マッドドン」の名付けられる前の記事であろう。

もうひとつのエディーは、「江戸川に住んでいる巨大魚」であり、それぞれ違う種類のUMAとして分類されている。戦後になると一般人でも相当量の動物知識があるため、アシカやトド、草魚（ソウギョ）など固有名詞が当たり前のように出て来ている。マッドドンとエディーともに、現在は目撃例が途絶え正体は謎に包まれているが、最も有力な説は「マッドドン＝トド」「エディー＝ソウギョ」となっているため、目撃当初から正体についてはそれなりに目ぼしが付いていたようだ。

"怪獣"浮上

羽田沖に住みつく

1973年5月16日「毎日新聞」。アザラシを怪獣扱いしている

福井県の海に現れた怪獣イカゴン

恐ろしい海の怪物

大きさ✸3メートル50センチ（腕まで含んだ長さ）
重さ✸200キロ
目撃場所✸福井県南条河野村
出典✸1972年12月18日毎日新聞

解説

1972年（昭和47年）12月17日、福井県南条河野村の海に巨大イカの死体がプカプカ浮いているのが発見された。イカは、腕まで含んだ大きさ3メートル50センチ、重さ200キロで、ここまで大きなイカが浮かび上がってくることは珍しいため地元住民が恐れた。

巨大イカの正体

「怪獣イカゴン」は毎日新聞が名付けた名称である。

昭和後期に入ると、さすがに正体がわかったようで、「赤イカの一種」であった。なおイカゴンの死体は「刺身にすれば1200人分」とのことで、付近の自宅でイカ焼きや煮物にして食べられたが、味は大味であったという。

関連事件としては、1982年（昭和57年）11月12日、青森県八戸市の港で捕獲された「お化けイカ」がある。こちらは大きさ8メートルという大物で、正体は「ダイオウイカ」であることがすぐに判明している。

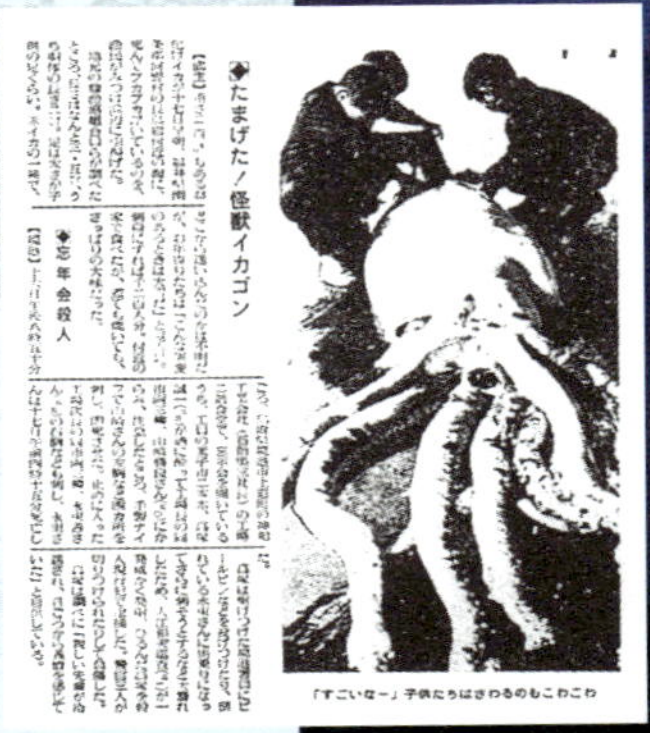

1972年12月18日「毎日新聞」。「怪獣イカゴン」の捕獲を伝える

伊良湖岬に漂着
怪獣
イラッシー

クジラか、それとも恐竜の生き残りか

大きさ✸7メートル
重さ✸不明
目撃場所✸愛知県渥美郡渥美町（愛知県田原市）
出典✸1975年7月25日「名古屋タイムス」

解説

1975年（昭和50年）7月25日、愛知県の地元紙・名古屋タイムスが「怪獣が盗まれた」という見出しで怪獣事件を報じた。記事によると、7月24日15時ごろ、愛知県渥美郡渥美町（現在の愛知県田原市）の伊良湖岬にて、地元の小学生が波打ち際に打ち上げられた7メートルほどの巨大な動物の死骸を発見。打ち上げられた動物について、地元小学生含む地元民たちは「クジラではないか」「いや恐竜の生き残りだ」と、一時大騒ぎしたという。

この日は結論が出ないまま翌日に専門家を呼んで鑑定して貰うことになったが、なんと同日未明に鑑定の決め手となる頭部と尻尾が何者かに持ち去られてしまっていたのだ。渥美町役場では「学術的に貴重な資料になるかもしれない。珍獣かもしれない。個人で持って行ったって仕方がないので是非返してほしい」と名古屋タイムスの取材に答えている。

謎の死骸の正体とは？

未確認生物の世界には「グロブスター」と呼ばれる言葉がある。主に海岸に漂着する謎の肉の塊ないしは死骸を指しており、著名なものには1977年（昭和52年）4月に日本の漁船が太平洋沖で引き揚げたニューネッシーの死骸（ネッシーに似た巨大生物の死骸）などがある。

「渥美半島に現れた怪獣」は、ニューネッシーに先がけること2年前に愛知県渥美半島に打ち上げられたグロブスターである。しかも、このグロブスターは、打ち上げられた翌日に何者かによって身体の一部が盗まれてしまっているというのだ。

その後も骨など一部を切り取る人間は後を絶たず、腐敗が激しいこともあり約2週間後に海岸に埋められてしまった。そのためか、渥美半島の怪獣は後年のニューネッシーとは違い、世の中から忘れ去られてしまった存在といえよう。あえて名前を付けるとすれば、**打ち上げられたのが伊良湖岬なので「イラッシー」あたりが相応しいだろうか。**

怪獣が盗まれた

伊良湖

頭とシッポが行方不明

一夜あけて、住民大あわて

1975年7月25日「名古屋タイムス」。巨大な動物の死骸が盗まれたことを伝える

この怪奇動物「イラッシー」の正体は、現在ではクジラ説が濃厚のようだ。本騒動は同地在住の作家・杉浦明平氏が毎日新聞1975年10月13日号掲載のコラムにて大きく取り上げているのだが、それによると打ち上げられた死骸は「小山のような尾の骨が中生代に爬虫類に似て太く長かった」「テレビの地方ニュースで報道されるとマイカーが何百台も押し寄せて海岸は数千人の見物人でいっぱいになった」「酔っ払いの男が警察の制止を振り切って数百人の前で頭部と尾をトラックに載せて立ち去ってしまった」と述懐している。

加えて杉浦氏は、怪獣の正体について「恐竜でもネッシーでもなくアカマクジラであった」と記している。これは警察ないしは動物の研究家から聞いたのではないかと思われる。『世界大百科事典』（平凡社）の編集にも関わっている杉浦氏による現地ルポなので、それなりに信憑性のある話ではないか。

だが、一つ注意すべき点として、アカマクジラという種類のクジラは存在しない。アカマクジラとは「アカボウクジラ」のことではないだろうか。

さらに国立科学博物館が運営する「海棲哺乳類ストランディングデータベース（海生哺乳類の座礁、漂着、漂流の記録を集めたデータベース）」を参照してみると、この死骸は「種不明アカボウクジラ科」（科博登録ID：387）と記録されている。アカボウクジラは死亡個体が座礁するケースが稀にあるため、やはり腐敗の激しいアカボウクジラであったのではないかと思われる。しかしながら、持ち去られた死骸の一部は、その後どうなったのであろうか。

アカボウクジラ（イラスト／Ziphius cavirostris）

兵庫の山奥で怪獣騒動

城の堀から現れた 丹波篠山のササッシー

大きさ✹ 2メートル
重さ✹ 不明
目撃場所✹ 兵庫県多紀郡篠山町（兵庫県丹波篠山市）
出典✹ 1976年6月17日「女性自身」

1976年6月17日「女性自身」。「ネッシーの子ども!?」として怪獣騒動を報じている

解説

1976年（昭和51年）5月上旬、兵庫県多紀郡篠山町（現在の兵庫県丹波篠山市）にある篠山城の濠で「怪獣を目撃した」という住民が多発した。最初の目撃者は篠山城近くに住むクリーニング屋の店主で、「岸から2メートルくらいに真っ黒な小山のようなものが浮かび上がるのを見た」「ウナギの背びれみたいにツルっとした感じの1メートル近い背びれを見た」「ワニのように身体をくねらせるように泳いでいた」と、この場所で怪獣の目撃談が相次いだのだ。怪獣の正体について、町内では「大きいナマズではないか」「オオウナギではないか」「町役場の飼っていた台湾ドジョウが巨大化したのではないか」といった声があったが、その後、騒動は落ち着き昭和の怪獣騒動は忘れ去られることになった。

正体は「オオウナギ」なのか

篠山城は、徳川家康が1609年（慶長14年）に築城した城で、篠山藩の公式行事に使用された建物「大書院」は篠山城築城とほぼ同時に建てられた。現在の大書院は平成になって再建されたもので、怪獣騒動が発生した当時は焼失していたため、篠山は特別な観光名所もなく、名物といえるのは猪鍋と徳利程度しかないという寂しい町だったという。

怪獣騒動を報じる「女性自身（1976年6月17日）」には、怪獣の物と思われる背びれの写真が掲載されているが、小さすぎて何が写っているのかはよくわからない。

だが、篠山城の近くにある篠山川には、かつてオオウナギが生息しておたようでウナギ説は可能性がありそうだ。この怪獣目撃談は、UMA本にも全く掲載されないため名前がない。篠山城の怪獣なので「ササッシー」あたりが妥当だろうか。

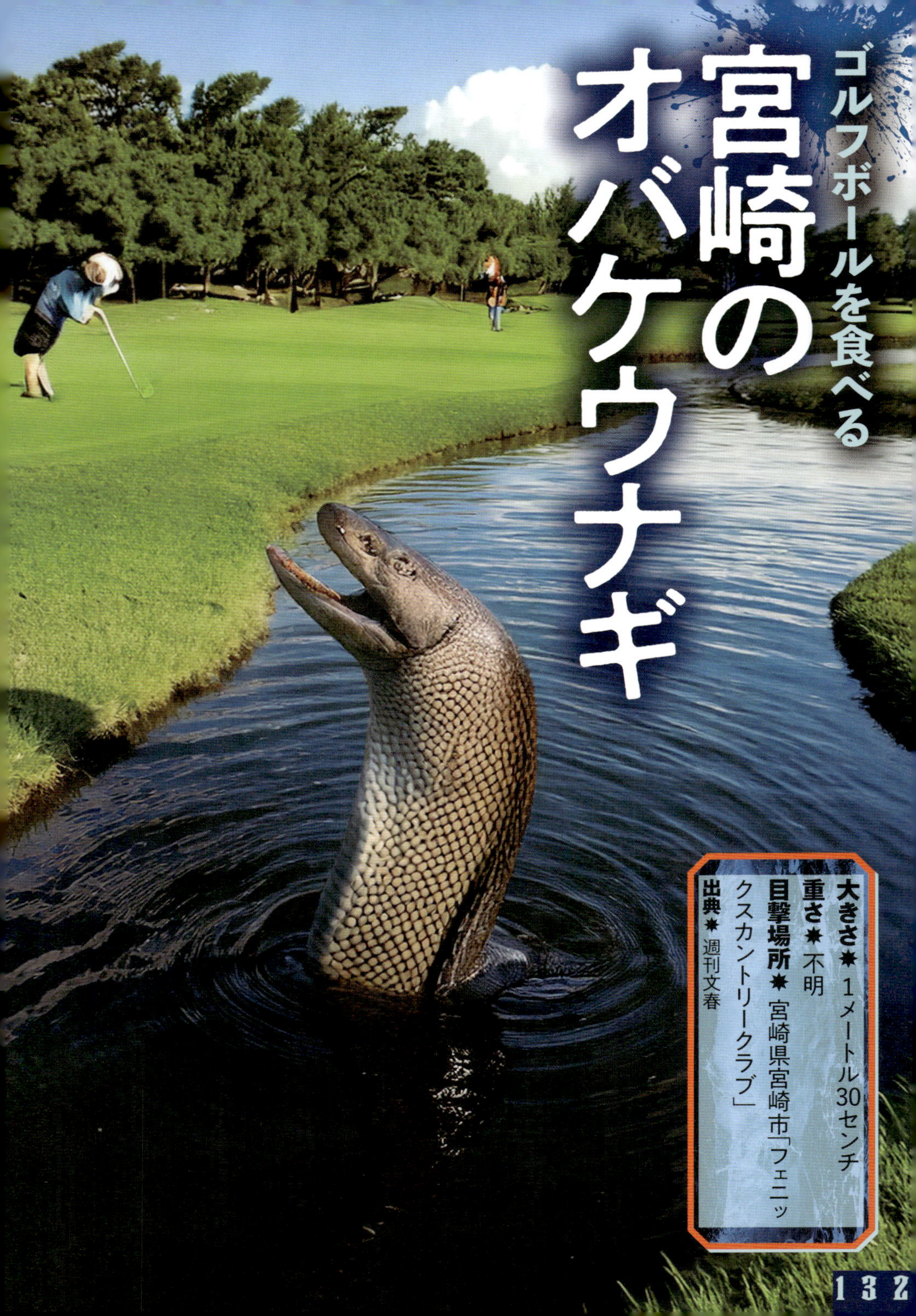

ゴルフボールを食べる

宮崎のオバケウナギ

大きさ✸1メートル30センチ

重さ✸不明

目撃場所✸宮崎県宮崎市「フェニックスカントリークラブ」

出典✸週刊文春

リゾート地に巨大ウナギが現れた！

解説

1983年（昭和58年）3月24日付の「週刊文春」にて掲載された怪奇動物である。宮崎県宮崎市にある名門ゴルフ場「フェニックスカントリークラブ」の高千穂コース6番には、ゴルフボールを食べる巨大ウナギが生息していたという。オープン以来はじめてホール内の池さらいをしたところ、大きさ50～80センチの巨大金魚が見つかり、さらに誰も放した覚えがない1メートル30センチ超えの巨大ウナギが発見されたのだ。

オオウナギ（撮影／H.H.Tsai）

オオウナギが巨大化？

「文春」にはウナギの写真や種類・種目は記されていないが、宮崎県という土地柄を考えて温かい気候に生息しているオオウナギであることは間違いないだろう。金魚も同じく温かい気候によって巨大化してしまったのだろうか。

フェニックスカントリークラブは現在も営業を続けており、近くには動物園や石崎浜などあるため動物が紛れる可能性は高い。

2〜3頭の群れを成していた

彦島沖の怪獣

大きさ✸不明
重さ✸不明
目撃場所✸山口県下関市彦島沖
出典✸山口新聞

彦島の海から目が黒いかわいい怪獣が顔を出す

解説

1985年（昭和60年）7月20日頃から山口県下関市彦島沖に海を泳ぐ謎の動物の姿が頻繁に目撃されるようになった。その動物は2〜3頭の群れを成しており、陸から100メートル沖合に現れるため、最初はクジラないしはイルカかと思われたが、地元漁師たちは「彦

島に生息する魚とはどうもちがう」と首をかしげた
という。
動物をよく目撃する漁師いわく、最初に目撃された日からほぼ毎日のように海面から黒い顔を出していたという。あまりに毎日現れるため、最初は不気味がっていた地元民も、いつしか楽しむようになり

イルカ、クジラそれとも…
彦島沖に正体不明の動物

下関市彦島西山沖の関門海峡東口付近の海域に、二カ月くらい前から、二、三頭の動物がすみついた。陸地部から百㍍以上沖合のために、イルカかクジラか、あるいはアザラシなのか不明だが、彦島の高台の人たちは、毎日、黒い影が海面に出てくるのを見ては「おい、きょうも元気か」と、楽しみにしている。

彦島西山町三丁目の高台で、住宅建設の仕事をしている大工、仁保広さん（　）＝彦島町＝の話では、七月二十日ごろ、気がついた。

海面にプカッと浮いてはしばらく姿を見せず、五、六分すると、また黒っぽい姿を見せる。夏を過ぎ、秋になっても、また毎日、五、六百㍍の範囲内で泳ぎまわっているという。

「確実に出てくるのは朝と夕方だ…。一頭なのか、数頭なのか、一度に出て来んのでよくわからんけど、毎日見てると、顔はわからんけど、かわいくなってきたよ」と仁保さん。

顔はやや丸っこい感じだが、イルカ、クジラ、アザラシの判別は難しい。

下関市立水族館の話では、昨年夏にも一度「イルカのようなものがいる」との連絡で彦島南風泊に出かけたが、確認の結果、ゴマフアザラシだった。今回は、二カ月間も居座っているが、同館は「ゴマフアザラシならすみつくことも十分に考えられる。しかしイルカやクジラでもエサさえあれば可能性もある」と話している。

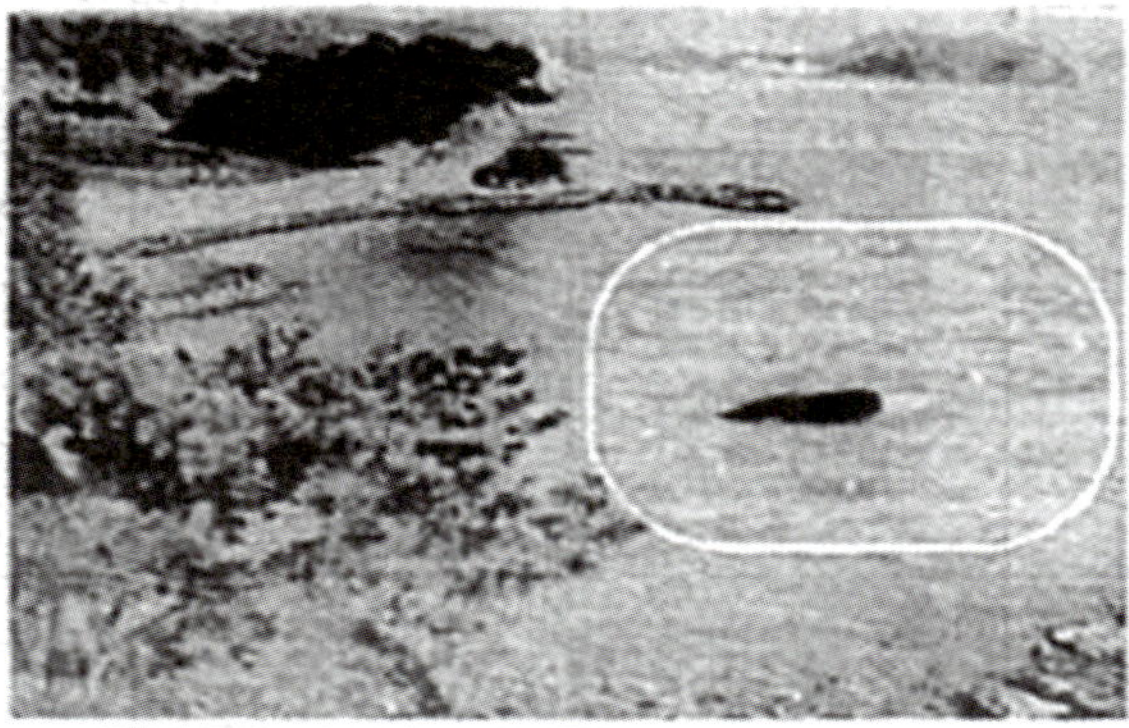

"海の動物"がすみついた下関市彦島西山の沖合（円内が正体不明の動物）

1985年9月27日「山口新聞」。「彦島沖の怪獣」の目撃情報を伝える

そうだ。「おい。今日も元気か？」と声をかけるようになった

山口新聞には下関市立水族館の従業員のコメントも掲載されており、「写真を見る限りイルカやクジラではなさそうだ。住み着くという習性を考えるとアザラシの可能性が高いのでは」と答えているものの、正体に関してはわからないという。

地元住民に愛されたUMA

昭和末期に山口県の地元紙に掲載された怪奇動物事件である。記事にはイルカ、クジラ、アザラシの可能性が言及されているが、群れで行動する習性からアザラシの可能性が非常に高い。

正体がわからないので、この動物はUMAの一種と言えるが、毎日のように顔を出すことで近隣住民から声をかけられ可愛がられるUMAというのも珍しい。2002年に発生した東京多摩川に現れたアゴヒゲアザラシ「タマちゃん」のような、動物にまつわる珍事件とも言えるかもしれない。

余談ではあるが、この怪獣が目撃された下関市彦島は約2・3万人が住む島で、平安時代には源平最後の戦い「壇ノ浦の戦い（1185年）」において平家側の拠点となった場所として有名である。そのため、彦島には、いわゆる「平家の落ち武者伝説」のような逸話が数多く残るなど、平家にとっては特別な場所になっている。

また、龍伝説など多くの妖怪や化物の伝説なども残っている特別な土地なのだ。「壇ノ浦の戦い」からちょうど800年後の1985年に彦島で目撃された謎の怪獣。詳細をご存じの方は、ぜひ教えてほしい。

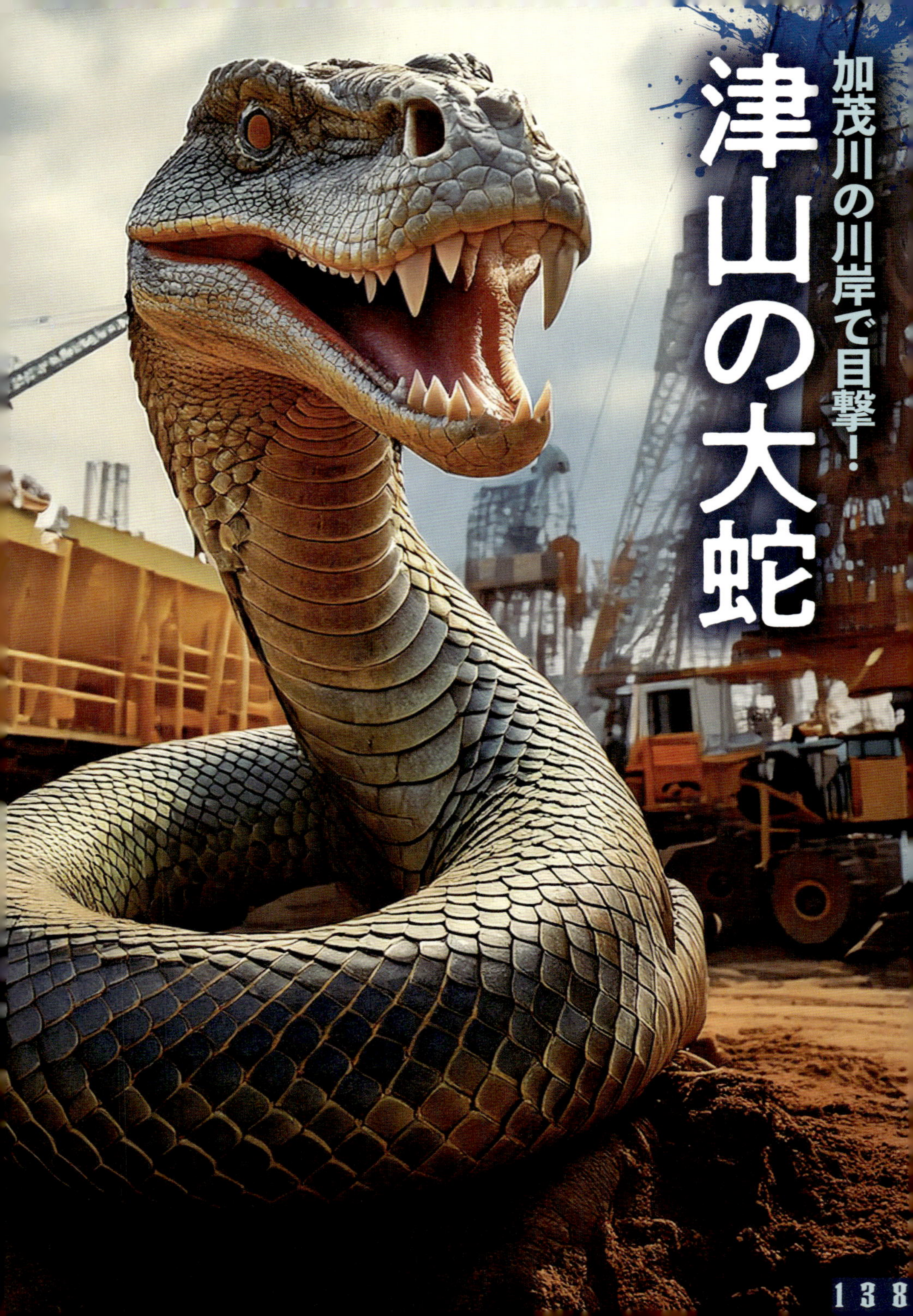

津山の大蛇

加茂川の川岸で目撃！

大きさ✸ 4メートル
重さ✸ 不明
目撃場所✸ 岡山県津山市綾部字みどり山
出典✸ 1972年8月20日「毎日新聞」

作業員たちが恐怖！

解説

1972年（昭和47年）7月17日、岡山県津山市を流れる加茂川の川岸で4メートルの大蛇が目撃された。目撃者は当時、開拓作業を行っていた土木作業員5名で、蛇の色は黒く、カマ首をもたげながら川を泳いでいたという。なお蛇は加茂川には戻らずみどり山の麓に逃げ込んでしまったという。

作業員いわく「体の青いアオダイショウはこれまで何度も見ているが、色の黒い蛇は初めて見た」とのことで、恐ろしい大蛇の登場に作業員達が恐れてしまい「蛇が冬眠するまで工事を休みにすべきだ」と上司に訴えたという。

忘れられたUMA

岡山県を流れる加茂川には昔から「大蛇伝説」が残っている。関連性は不明だが、伝説の大蛇が昭和時代に姿を表した可能性はありそうだ。

夏の秘境、怪獣捜し
広島 岡山
「四メートルの大蛇見た」

1972年8月20日「毎日新聞」。津山市の大蛇を報じる

「母間海岸」に生息する 徳之島のトクシー

大きさ✸ 自家用車～トラックほど
重さ✸ 1～3トン
目撃場所✸ 鹿児島県大島郡徳之島
出典✸ 1979年7月12日「女性セブン」

1979年7月12日「女性セブン」。「徳之島のトクシー」の捕獲騒動を報じる

徳之島の全景

正体不明の巨大な魚

解説

「徳之島のトクシー」は1970年代初期に目撃が相次いだ怪奇動物である。トクシーは奄美大島と沖縄県の間にある島、徳之島の母間海岸に生息するという巨大魚で（生息地が母間港のためボッシーと呼ばれることもある）、大きさは自家用車からトラックサイズ、重さは1～3トン、ウロコは1枚50センチあるとされているが、その正体は「巨大な魚」「巨大なアラのような魚」ということ以外は不詳である。後に奄美磯釣りクラブの有志13人が1200万円をかけて釣り上げようとしたが失敗している。

その正体は、「江戸時代から生息しているウナギの神様説」「第二次世界大戦前後に捕獲されたという600キロのアラの子供」という話もあるが、詳しくはわかっていない。

悲劇の怪奇動物

「本栖湖のモッシー」に類する怪奇動物譚だが、大きく違うのはモッシーの目撃談が「怪魚→恐竜」へと独自進化したのに対し、**トクシーは目撃当初の「大きい魚」を現在まで維持しているという点である。**1979年（昭和54年）当時には週刊誌報道のほか、テレビ番組のロケ隊がやってきて「トクシー騒動」「巨大アラ騒動」と題されて大きな話題になった。

だが、南西諸島の一島である徳之島には、大きさ10メートルを超えるザトウクジラが出産のため頻繁に目撃され、観光資材にもなっているため、単に「車サイズの大きな魚」だけではインパクトが足りなかったのか、現在においてトクシーは地元の人間を除いてほぼ忘れられている。ある意味、歴史が止まってしまった悲劇の怪奇動物と言えるかもしれない。

「天保山」の沖合で捕獲

豚尾魚《とんびぎょ》

クワイに目鼻が付いたような姿

解説

1884年（明治27年）8月17日、大阪府西成郡の漁師が天保山の沖合にて、これまた見たことのない魚を捕獲した。その魚は、大きさが6寸（約18センチ）、胴回りが5寸（約15センチ）程度の魚で、身体の色は淡黄に黒色が帯びていた。またその姿は楕円形の身体に尾が長く、クワイに目鼻が付いたような姿をしていた。捕まえた猟師たちも「見たことがない魚である」として、

大きさ✸不明
重さ✸不明
目撃場所✸大阪府西成郡天保町（大阪市港区）
出典✸1894年8月23日「都新聞」

「豚尾魚」と名付けて人気を集めた。

正体はエイの一種？

当時、この魚の正体はわからず、新聞の通り見た目が植物のクワイに目鼻が付いているように見えたため、クワイの別称＝燕尾草《えんびそう》から着想を得て豚尾魚《とんびぎょ》と名付けられたようだ。

また都新聞には、「清国人の幽霊」というもうひとつの仮説も登場している。清国人（中国人）の蔑称に豚尾漢（三つ編みにした垂れた弁髪が豚の尻尾に見えたため）というものがあり、当時の日本は清国と日清戦争をしていたことから、海で死亡した清国人の生首が化けて出てきた、と考えられたためである。

残されたスケッチからその正体を想像するしかないが、尾の形状や腹部の形から、豚尾魚の正体は

●時節柄の獲物（奇魚）　去る十七日大坂府西成郡野田村三百十六番邸敷の漁夫中村久吉が天保山の沖合に於て捕獲したる奇魚ハ図の如く形ハ楕円形にして色ハ淡黄に黒色を帯び鱗ハなく頭部に長き尾ありて恰も慈姑に眼鼻を付けし如く又辮髪奴の首の如くにて其丈六寸、横五寸余、同人ハ永の年月漁夫をして居れど斯る魚ハ未だ見し事も聞きし事もなければ何と云ふ魚にやと云ひ居りしに

或人ハ見て豚尾魚と名を付けたるよし時節柄面白し／＼捕獲者中村久吉ハ同村字尊場にて衆人の一覧に供せんと一昨々朝現物を携へ同地付根崎警察署へ出願して許可を得たりと我国にハ平家の西海に沈みて蟹と化したる例もあり豚尾漢も豊島で撃沈められた一念で此奇魚に化せしものか過日の暴雨で支那の旗印たる龍の流されしと今又この首を得是れ帝国大勝の前兆豈愉快ならずや

1894年8月23日「都新聞」。「豚尾魚」を報じる

エイの一種だったのではないかと思われる。西洋ではエイの乾燥死体を加工した民芸品を「ジェニー・ハニヴァー」と名付け、未確認生物の死体として売買されていた歴史があり、見慣れない人にはエイが奇怪な生き物に見えたのかもしれない。

エイの乾燥死体を加工した「ジェニー・ハニヴァー」（撮影／M・Violante）

空の怪奇動物

千葉に現る！謎の鳥「ミッチー」

大きさ✸25センチほど
重さ✸不明
目撃場所✸千葉県安房郡岩井川
出典✸1975年7月26日「毎日新聞」

ミッチー「君の名は…」
千葉の大田区立養護学園に珍鳥

1975年7月26日「毎日新聞」。奇妙な鳥の捕獲を報じる（※註／顔のボカシは編集部による）

「ミズナギドリ」に似た「ミッチー」

解説

1975年（昭和50年）7月、千葉県安房郡岩井川で奇妙な鳥が捕獲され、近くの養護学校で飼育されはじめた。安房郡内の川で弱った状態で発見され、発見者の鉄工所工員が保護していたものを学校側が譲り受けたものであった。

この鳥は茶色の羽を持ち、大きさは25センチほど。飛ぶことができないほか、足に水かきが付いているため水鳥の一種と推測される。

だが、見た目がシギに似ていること以外は一切わからず、動物図鑑にも記載がないため、種類は不明だという。児童たちの間ではこの鳥の見た目が「ミズナギドリ」に似ていることから、一文字とって「ミッチー」と名付けて、可愛がっているという。

「ハイイロヒレアシシギ」の可能性

茶色の羽に水かきのあるシギに似た鳥なので、「ハイイロヒレアシシギ」の可能性があるが、正体は不明である。記事によると「飛ぶことができない」とのことだが、生まれつき飛べない種類なのか、ケガをして飛べなくなってしまったのかはわからない。

発見場所が川であること、フナを丸のみできるという特徴があるため、水鳥であることは間違いないと思うが……。なお、ミッチーが養護学校へやってきたあとは、学校のアイドル的存在となりヨチヨチと歩いて教室のなかへ入るなど、愛嬌を振りまいていたという。

主に水辺に生息する「ハイイロヒレアシシギ」

新潟県妙高市で産まれた一つ目のニワトリ

奇妙なニワトリは餌を食べると死ぬ

大きさ✸ ニワトリほど
重さ✸ ニワトリほど
捕獲場所✸ 新潟県十大区八番組小濁（新潟県妙高市小濁）
出典✸ 1875年11月26日「東京日日新聞」

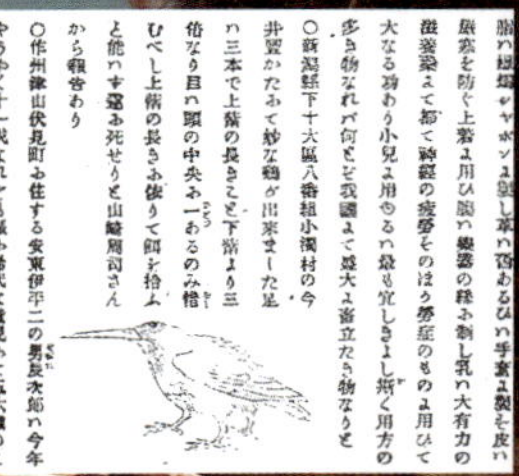

脳ハ燐質ヤヤポンニ製し萃ハ酒あるひハ手製ニ製を皮ハ
厩舎を防ぐ上等ニ用ひ脳ハ機器の材ニ製し乳ハ大有力の
滋養薬ニて都て神経の疾愛そのほか労症のものニ用ひて
大なる効あり小児ニ用ゆるハ殊も完しきよし斯く用方の
多き物なれバ何とぞ我国ニて盛大ニ畜立たき物なりと
○新潟縣下十大區八番組小濁村の今
井望かたニて妙な鶏が出来ました是
ハ三本で上觜の長さこと下觜より三
倍なり目ハ頭の中央ニ一あるのみ觜
ひべし上觜の長さニ依りて餌を拾ふ
と能ハず終ニ死せりと山崎周司さん
から報告あり
○作州津山伏見町ニ住する安東伊平二の男辰次郎ハ今年
やうやく十一戈なれとも誠ニ希代な発見ニて五六歳のこ
ろより手習をーたり書を書くことを好み紙と筆さへ持せて
置けバ何時までも機嫌よく遊び居るゆゑ町内ニ學校が出
来ると直ニ入學させたりーニ元より好な道なれバ殊の外
勉強ニて先ごろの試験ニも第一級生ニ進み鮮郎より大そ

1875年11月26日「東京日日新聞」。一つ目のニワトリの伝承をイラスト付きで伝える

解説

新潟県十大区八番組小濁（新潟県妙高市小濁）にて奇妙なニワトリが生まれた。脚が3本生え、上のクチバシは下のクチバシのより3倍大きく、さらにクチバシの上には目玉がひとつだけ付いていた。生後しばらくは生きていたようだが、餌を食べると死んでしまったという。

「神の使い」だったか

1875年（明治8年）に新潟県で生まれたという脚が3本、巨大なクチバシに目が一つ、という異形のニワトリである。特徴から考えて奇形で生まれてしまったニワトリかと思われる。

脚が3本生えた鳥は、日本人にとって神聖な存在であり、古事記および日本書紀に登場する導きの神・八咫烏《やたがらす》（サッカー日本代表チームのエンブレムとしても有名）は3本足のカラスとして描かれている。

また、栃木県足利市小俣町にある鶏足寺には、「三本足のニワトリ」に関する由緒が伝えられている。平安時代初期、「平将門の乱」を霊的に鎮めるため、将門に対する調伏の法が行われた。将門の力は強大で、疲れ果てた僧がひと眠りしたところ、3本足のニワトリが血まみれの将門の首を踏みつけている夢を見たという。しばらくして僧の見た夢のとおり将門は討ち取られ、乱は静まった。

新潟県の一つ目のニワトリが生まれた1875年は、明治政府により富国強兵（国を豊かにし強い軍隊を作るスローガン）が強く叫ばれた時期と重なっている。一つ目のニワトリは新聞を読む限り、餌を与えられるなど育てようとした痕跡があるため、「神の使い」のような扱いをされていたのかもしれない。

熊野本宮大社にある八咫烏の像
（撮影／Yanajin33）

黄海海戦の直前に捕獲された
霊鷹「高千穂」

明治天皇へと献上された「高千穂」

解説

日清戦争中の1894年（明治27年）9月17日の早朝、黄海へ向けて出港していた日本の巡洋艦「高千穂」のマストに、一匹の鷹がとまった。その鷹はある水兵が捕獲したのだが、その数時間後に高千穂を含む日本艦隊は清国艦隊と遭遇し激しい海戦（黄海海戦）となった。日本艦隊はこの海戦に勝利し、清国軍に大きな被害を与えることに成功した。

海戦の直前に捕獲された鷹は、「吉兆の印である」として後に明治天皇へと献上され、「高千穂」と名付けられたという。この逸話は国民の間でも大きな話題になり、「霊鷹」または「神鷹」と呼ばれることになった。

霊鷹は死後、剥製となり振天府（日清戦争の戦利

大きさ✹不明
重さ✹不明
目撃場所✹黄海および日本艦「高千穂」のマスト
出典✹「天佑神助の国日本（1942年／日本精神文化新書）」、ほか

品を保管する倉庫）に収容されたと伝わっている。

正体は「シロオオタカ」？

近代日本にとって初の本格的戦争となった日清戦争の最中に発生した怪奇動物譚である。日本人は「一富士、二鷹、三茄子《さんなすび》」のとおり、鷹を縁起の良いものとしていたため、マストに止まった鷹を吉兆の証と考えたようだ。

霊鷹そのものの写真は撮影されていない、ないしは未発見であるが、流行りモノだったため霊鷹の姿を描いた画は数多く残されている。明治天皇へ献上される姿を描いたとする「霊鷹奉献之図」を見るに、霊鷹は大きさ約50センチ、全身が白く目の周りが赤い鳥として描かれている。

そのため霊鷹の正体は、シロオオタカであった可

海戦の直前に捕獲された鷹の名付け元となった日本の巡洋艦「高千穂」（Japanese_cruiser_Takechiho）

能性が考えられるが、本物のシロオオタカは全身は白いものの目の周りは赤くなっていない。恐らくは天皇に献上されたという伝説から、日本の国旗（日の丸）をイメージした紅白の鷹として描かれてしまったのではないだろうか。他の画に関しても同じで、一般的な鷹（オオタカ）として描かれていたり、シロオオタカとして描かれていたりと、ハッキリしない。

当時は霊鷹をイメージした商品なども販売されていたようだが、一部の知識人の間で霊鷹騒動は「戦争の勝利と霊鷹は何の関係がない」「ただの鷹である」と冷ややかな声もあったようだ。だが、そのころの霊鷹ブームは凄まじく、「霊鷹」または「神鷹」と名付けた商品や商店がいくつか登場している。

月耕『霊鷹奉献之図』（国立国会図書館デジタルコレクション）。明治天皇へ献上される「高千穂」の姿を描いた

山名神社の怪獣

枯れ木の間に潜む

大きさ✸ 猫ほど
重さ✸ 猫ほど
目撃場所✸ 静岡県周智郡山梨町（袋井市上山梨1丁目）「山名神社」
出典✸ 1911年5月23日「静岡民友新聞」

巨大化した「ヨブスマ」

解説

1911年（明治44年）5月21日の朝、山名神社の境内で枯れ木調査を行っていたところ、枯れ木の間に謎の怪獣が潜んでいるのが確認された。その日のうちに役所の人間および新聞社など20名が集まり、怪獣狩りが行われることになった。怪獣は椎の木の中に巣を作っており、人夫たちが巣穴を探っていると、怪獣は木から飛び出しすぐに捕らえられた。

怪獣は猫くらいの大きさで、羽が生えており、尾が2尺（60センチ）ほどあった。怪獣は羽を使って木の間を自由自在に飛ぶことができ、身体を休める時は大きな尾を身体に巻いていた。村人は「ヨブスマと呼ばれる獣の大きなものでは」と話題になり、延べ400人ほどの見物人が集まったという。

正体は「ムササビ」か

ヨブスマとは、ムササビのことであり、記事に書かれている特徴（羽を使って飛ぶことができる、尾を身体に巻いて休息する）から考えてムササビで間違いないだろう。

静岡にはムササビの個体が少ないため怪獣扱いされた可能性が高いほか、明治時代には夜の町を照らす街灯はまだ数が少なく、夜行性であるムササビはまだ日本人にとって見慣れない動物であったようだ。

●怪獣《くわいじう》を生擒《いけどり》す
夜衾の大なるものか

周智郡山梨町郷社山名神社にては此程来境内の枯木損木の取調べを行ひ居れるが去る二十一日枯木立の間に怪しき獣の姿を見しより同日午前十時頃より役場員及び松井新聞堂主催にて怪獣狩を行ふことゝに決し二十人の人夫を傭ひ入れ此處ぞと思はるゝ巣窟を捜索中同社東北隅に樹立する、椎の大木の穴に木の皮を以て作りたる巣を發見したれば人夫數名之れに攀ぢ登りて探りたるに果して一匹の怪獣が穴の中より飛び出せしが大きさ普通の猫の如く大きな羽を生じ又尾は二尺あり樹上より舞ひ降りては他樹に飛せ上り憩ふ時は尾を背き上げて面部迄覆ひ出没自在にして容易に捕獲するを得ず、日没頃に至り漸く捕獲したるが人の評する處にてはヨブスマと言ふ獣の大なるものならんと言ふが果して何なるかく明せず目下同社々司鈴木氏方に飼育しあり見物人引きも切らず尚ほ當日捕獲中見物に來りし者四百名以上に及び中々の騒ぎなりしと

1911年5月23日「静岡民友新聞」。山名神社に現れた怪獣の生捕りを報じる

松戸のスカイキャット

突如として民家に舞い込んできた

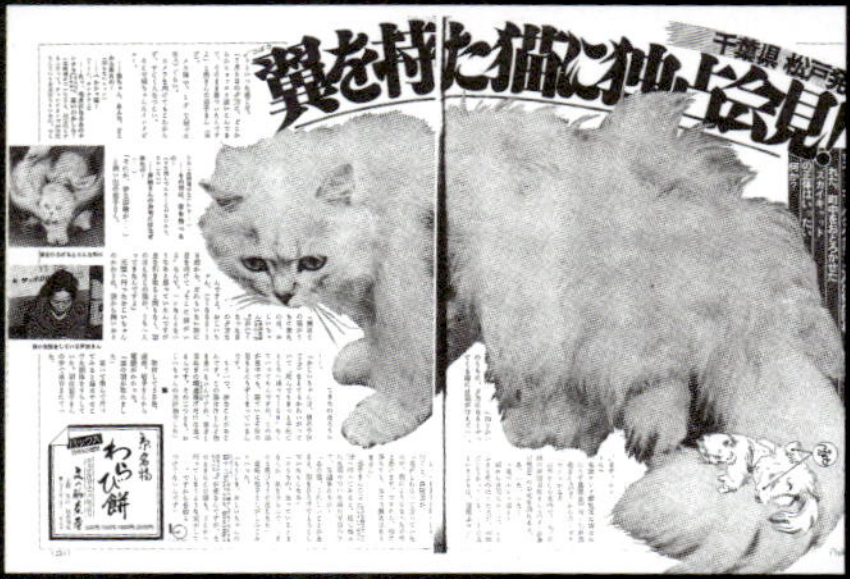

1981年9月10日「女性自身」。「翼を持った猫」として松戸のスカイキャットを報じる

大きさ✸ペルシャ猫ほど
重さ✸ペルシャ猫ほど
目撃場所✸千葉県松戸市
出典✸1981年9月10日「女性自身」

羽の生えた白い猫

解説

1981年（昭和56年）9月10日の『女性自身』に掲載された怪奇動物、背中に翼を持つ猫「スカイキャット」である。この年の7月9日、千葉県松戸市に住むとある家族の元に「羽の生えた白い猫」が突然迷い込んできた。

家族の話によると、この家では数日前に76歳のおじいさんを看取っており、亡くなる数日前から誰もいない所へ向かい「そこに猫がいる」と伝えていた。おじいさんが亡くなると、その日のうちに肩から尾にかけて翼のような毛の生えた猫がひょっこりと現れたため、家族は「亡くなったおじいちゃんの生まれ変わりなのでは？」と思い猫を飼うことにした。

なお、この猫の好物は精進揚げとお刺身とのことだが、これらはおじいさんの大好物でもあったため家族達は驚いたという。

精霊のような存在

翼の生えた猫「翼猫」は、明治時代の日本にも現れているが、昭和時代に現れた「スカイキャット」は**おじいちゃんの生まれ変わりというイイ話になっているのが、特徴的だ。**

だが、このスカイキャットは、『女性自身』の取材中に羽部分が取れてしまい、ごく普通の猫になってしまったという。

スカイキャットを診断した動物病院の話では、「毛がこわばって寄っていたのが羽に見えていただけ」とのことであり、生えていた毛がたまたま翼のように見えていただけだったようだ。おじいさんが亡くなったその日にスカイキャットが家に現れたというのは、実に不思議な話であり、翼の件は別にしてもこの猫は精霊のような存在だったのかもしれない。

火葬場で捕獲！

人間の腹から出てきた鳥

大きさ✸ 6寸（約18センチ）
重さ✸ 不明
目撃場所✸ 北海道後志国高島郡祝津村（現北海道小樽市）
出典✸ 1898年6月28日「都新聞」

●人間の腹から動物

本月十三日北海道後志國高島郡祝津村なる佐佐木常三郎と云へる者の屍躰を同村に於て火葬したるに其腹中より図の如き畸形の動物火にも焼かれず出でたりとて同村駐在巡査より小樽警察署へ届出でたるよし躰の長さ六寸位足ハ蛙の如く長くして五寸位、尾ハ鼠の尾の如く頭及び總躰ハ鳥にして兩翼あり何ものなるか辨別し難しと云ふ

1898年6月28日「鳥都新聞」。人間の腹から鳥が出てきたことを伝える

死者の腹から鳥らしき死骸が！

解説

1898年（明治31年）6月13日、北海道の後志国高島郡祝津村（現在の小樽市）の火葬場にて、死んで火葬された人間の腹から鳥らしき死骸が出てくる、という怪事件が発生した。

鳥の死骸は大きさが6寸（約18センチ）で、翼とクチバシがあるため鳥類だと思われるが、尾がやたら長細く、脚がカエルのような形状をしていて5寸（約15センチ）あったという。

この奇妙な姿の鳥は、火葬場に集まった男性の親族はもちろん、誰も見たことなかった。

そして何より不気味なのは、男性と一緒に焼かれたはずなのに、焦げたり骨になっていたりせず、原型を保ったままの姿で出てきたことである。

捕獲現場となった古びた火葬場（※写真はイメージ）

生前から鳥を体内に飼っていた？

死んだ人間の身体のなかから鳥の死体が現れる、という奇妙な事件である。記事を掲載した都新聞には、イラストが掲載されているが、鳥類であろうことは辛うじて分かるが具体的にどのような種類の動物かはわからない。

だが、遺骨の腹部分から出てきたということは、少なくとも男性は生前から鳥を体内に飼っていたということであり、**火葬場に集まった男性の親族がこっそり忍ばせたわけでは無さそうだ。**現時点ではこの動物の正体は不明としたい。

摂津の巨大バチ

大阪豊能郡で捕獲！

大きさ✸6尺3寸（約191センチ）
重さ✸16貫（60キロ）
目撃場所✸大阪府摂津国能勢郡（大阪府豊能郡）
出典✸1881年6月15日「東京絵入新聞」

1881年6月15日「東京絵入新聞」。「巨大な蜂」が猟師を襲う様を挿絵入りで報じた

巨大な怪鳥が現れる

解説

1881年（明治14年）、大阪府摂津国能勢郡に「巨大な怪鳥が現れる」という噂があり、猟師たち数人が怪鳥を退治に向かった。猟師たちは怪鳥の姿を確認すると鳥に向けて矢や弾を打ったが逆襲され命からがら逃げかえってきた。その話を聞いた別の猟師たちが退治へ向かった際、激戦の末に怪鳥を仕留めることに成功した。だが、その正体は鳥ではなく何年も生きていると思われる大きな熊蜂であり、流石の猟師たちも驚きを隠せなかった。

キムネクマバチのオス（KENPEI-KENPEI's photo）

熊蜂の大きさは6尺3寸（約191センチ）、重さが16貫（60キロ）もあり、その死骸は自分達の村へ持ち帰ったという。

正体は巨大な鷲や鷹か

記事の通りの2メートルの蜂は実在しないので、正体は不明。東京絵入新聞には、巨大な蜂が猟師を襲っている挿絵があり、その姿はまるで怪獣映画そのものである。

猟師たちは、仕留めた蜂を自分の村へと持ち帰ったようだが、鳥ならまだしも蜂では食用にはできないため、その後、死体をどうしたのかは気になるところだ。根拠はないが、本当は熊蜂ではなく、巨大な鷲もしくは鷹を狩った武勇伝をおもしろおかしく新聞記者に語ったもの、ではないだろうか。

石川の農家で産まれた 双頭のアヒル

四つ目で片方ずつ順番に餌を食べる

解説

1895年（明治28年）、石川県能美郡沖杉村の農家で奇妙なアヒルが生まれた。このアヒルは大きさ2寸8分（10・61センチ）の大きな卵から、通常25～26日で孵化するところ、30日以上経っても孵化しなかった。

大きさ✸アヒルほど
重さ✸アヒル2体分ほど
目撃場所✸石川県能美郡沖杉村（石川県小松市中心部の東方）
出典✸1895年6月7日「都新聞」

「すでに腐っているのだろう」と考えた農家が卵を割ってみたところ、双頭で四つ目の付いたアヒルが卵から飛び出してきた。アヒルはその後も死なず順調に育っているが、両方の頭は同時には動かせないようで、片方ずつ順番に餌を食べているという。

結合双生児は霊鳥か

片方ずつしか首が動けないという特徴から、本来は双子として生を受けるはずのアヒルが、一羽とし

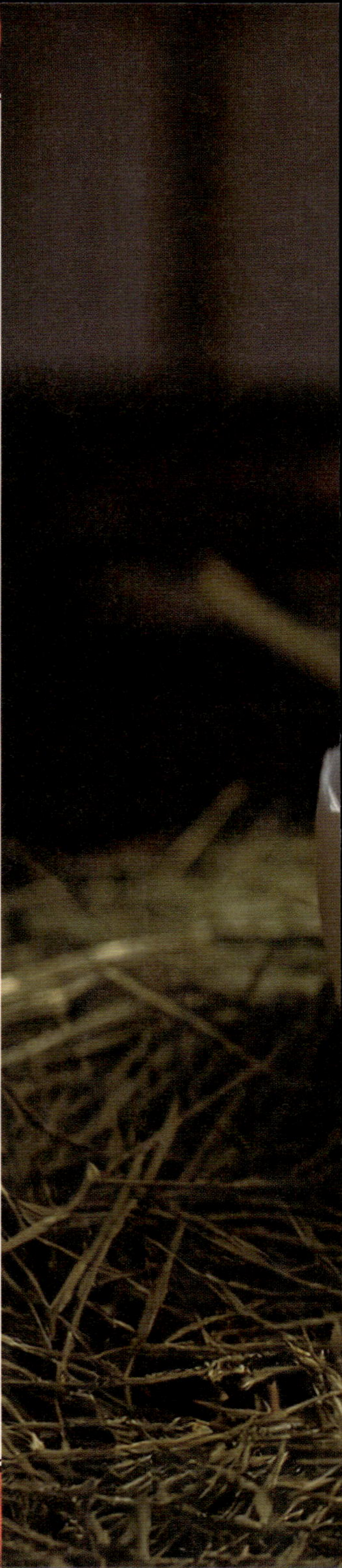

1895年6月7日「都新聞」。農家で奇妙なアヒルが生まれたことを伝える

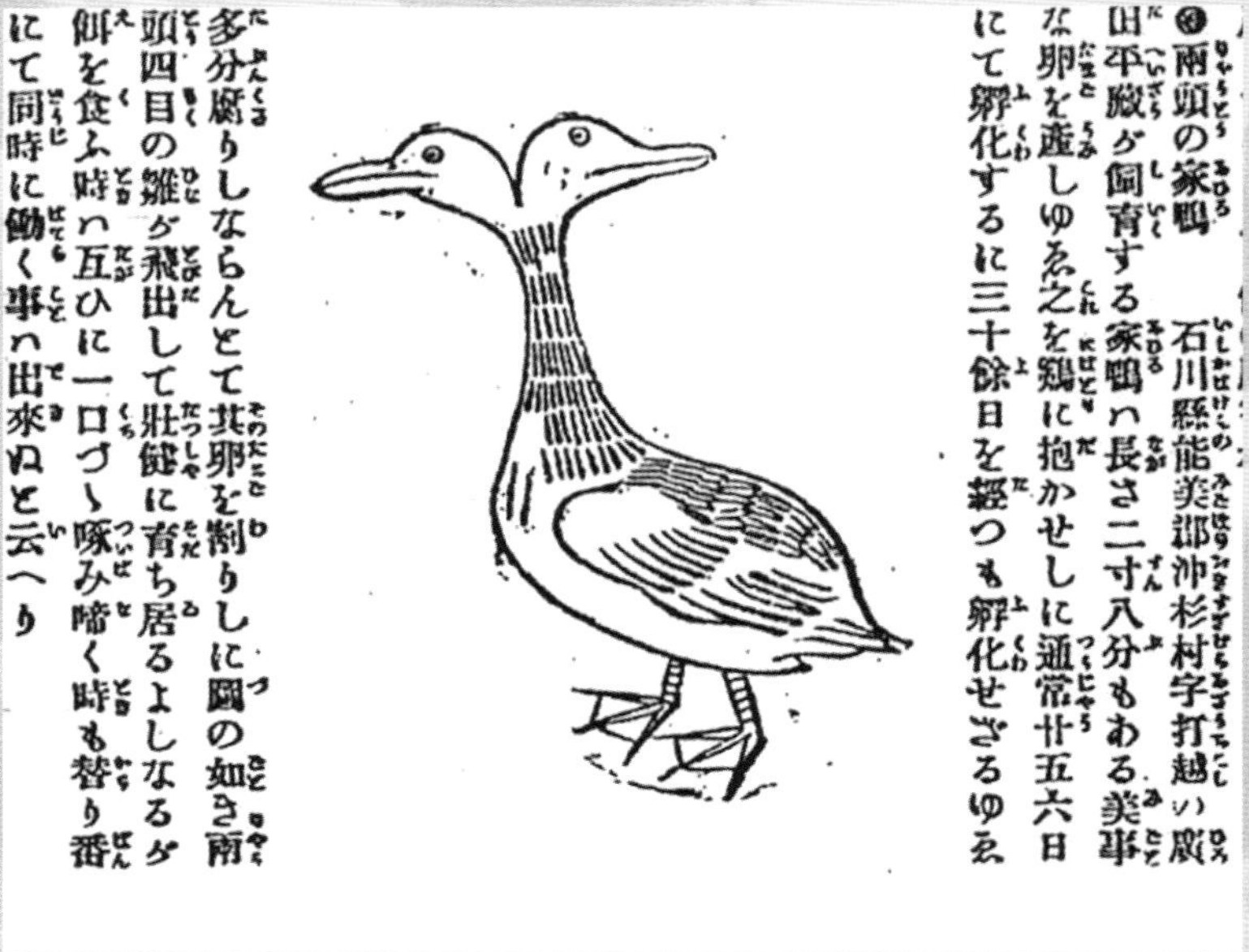

兩頭《りやうとう》の家鴨《あひる》 石川縣《いしかはけん》能美郡《のみごほり》沖杉村字打越《おきすぎむらあざうちこし》ノ廣《ひろ》田平藏《だへいざう》が飼育《しいく》する家鴨《あひる》ハ長《なが》さ二寸《すん》八分《ぶ》もある美事《みごと》な卵《たまご》を產《うみ》しゆゑ之《これ》を鷄《にはとり》に抱《だ》かせしに通常《つうじやう》廿五六日にて孵化《ふくわ》するに三十餘《よ》日を經《た》つも孵化《ふくわ》せざるゆゑ多分《たぶん》腐《くさ》りしならんとて其卵《そのたまご》を割《わ》りしに圖《づ》の如《ごと》き兩頭《りやうとう》四目《しもく》の雛《ひな》が飛出《とびだ》して壯健《たつしや》に育《そだ》ち居《を》るよしなるが餌《え》を食《く》ふ時《とき》ハ互《たが》ひに一口《くち》づゝ啄《ついば》み啼《な》く時《とき》も替《かは》り番《ばん》にて同時《どうじ》に働《はたら》く事《こと》ハ出來《でき》ぬと云《い》へり

て生まれてしまい**結合双生児となった現象ではないかと思われる。**通常、鳥類の双子は卵中の栄養が不足してしまい、両羽とも死亡してしまうことが多いため、孵化にまでに至るケースは非常に珍しいようだ。

双頭の鳥については、近年のコロナ禍で著名になった霊獣「ヨゲンノトリ」についても触れておきたい。ヨゲンノトリは江戸時代末期に流行した疫病であるコレラを預言したとされる鳥で、一見するとカラスに似た黒い鳥だが、二つの頭があり、一つは白い頭をしていたという。

目撃されたのは加賀国（石川県）で「来年の8月、9月頃に世の中の人の9割が亡くなるであろう」なる予言を行った言い伝えが、「暴瀉病流行日記（ぼうしゃびょうりゅうこうにっき）」という書物に掲載されている。奇しくも双頭のアヒルが誕生したの

はヨゲンノトリと同じく石川県であり、双頭のアヒルの誕生はこの年に終結した日清戦争をきっかけに、日本で再び伝染病（日清戦争から帰還した兵隊がコレラに感染しており流行したとされている）が蔓延することを予言した霊獣だったのではないだろうか。

ヨゲンドリ（「山梨県立博物館」所蔵）

一般的なアヒル（撮影／ SC36）

大阪の怪獣

道頓堀付近で捕獲！

大きさ✹ 3尺（約90センチ）
重さ✹ 不明
目撃場所✹ 大阪道頓堀二ッ井戸町（大阪市中央区）
出典✹ 1885年5月22日「朝日新聞」

●怪獣　南警察署の特務巡査岡本仙右衛門氏が昨日午前二時頃道頓堀二ッ井戸町邊を巡邏の折柄彼二ッ井戸の隅に何かゴソ〳〵動き居る者あり未だ人とも畜類とも定かならねば篤と見留ばやと傍に立寄らんとする其時しも勢ひ猛く飛来り已に噛付んづ勢ひに岡本氏は正しく狐狸の類ならんと身を轉しさま取押へ拳を固めて打續け數も足以て獸倒せしに脆くも斃りて死たるにぞ頓て縄に縛りて該町の會宿所へ引摺歸り灯を點じて熟見るに長さ三尺計の獸にて頭は猫の如く嘴は細く長くして左右に鬚あり尾は太うして一尺二寸位もあり毛は茶と鼠の雑なりしを是は鼬鼠（野鼠の属）といへるものならんか

1885年5月22日「朝日新聞」。「謎の怪獣」の目撃談を報じる

牙を剥いて襲いかかる

解説

1885年（明治18年）5月21日夜、大阪・道頓堀二ツ井戸町を巡回中の警察署の特務巡査が、謎の怪獣に遭遇した。特務巡査がその現場に駆け付けると、怪獣は牙を剥いて襲い掛かってきた。

怪獣を取り押さえることに成功した巡査は、「狐狸《こり》（妖怪の類か）」と拳で殴りつけ怪獣を死なせてしまった。死んだ怪獣は縄で縛りつけ南町の合宿所へ持って行き、灯をもって照らしたところ、大きさ3尺（約90センチ）、頭は猫に似ていて胴体は細長く左右に翼があり、尾は太く1尺2寸（36センチ）あり、毛は茶色と鼠色が重なったような色をしており「ムササビ（リスの仲間）」というものではないかとされた。

モモンガよりも、ムササビに近い

ナニワの超武闘派刑事が、謎の怪獣を握り拳で退治してしまうという、何とも豪快なエピソードだ。怪獣の大きさや頭は猫に似ている、胴体は細長い、尻尾が太く、左右に翼があるという特徴から考えるに、この怪獣は記事内で言及されているとおり、ムササビだったのではないかと思われる。

ムササビとモモンガは、見た目が非常に似ているが、大きく違うのは大きさである。ムササビは70センチ～80センチの大きさがあり、対してモモンガは約30センチと小型なのである。

なぜ、ムササビが都会である大阪の道頓堀に出没したのかは理解に苦しむが、大阪に住む物好きが、**ペットか見世物にしていた個体を逃がしてしまったのではないだろうか。**

日光の巨大な鷲

生捕りに成功！

大きさ✸ 7尺（約212センチ）
重さ✸ 15貫（56キロ）
目撃場所✸ 栃木県日光市
出典✸ 1938年12月18日「読売新聞」

大鷲舞下る
大格闘のすゑ逮捕

【日光電話】十六日午後二時ごろ日光湯元温泉南間ホテル南間久吉氏方の土佐犬が異様の叫びをするので同家の土工島田茂一（[illegible]）さんが駆け付けると兩翼を擴げると七尺重量十五貫もある大鷲と土佐犬が格闘中なので丸太を投げるとこんどは茂一さんに飛掛つて來た、茂一さんの救ひを求める聲に屋根職福田周作（[illegible]）さんも協力約卅分大格闘の末首尾よく生捕りにした時局柄軍部へ献納することになつた

1938年12月18日「読売新聞」。オオワシは日光に舞い降りた

人間&土佐犬の連合軍と交戦した巨大な鷲

解説

1938年（昭和13年）12月16日の午後2時ごろ、栃木県日光市の湯元温泉のあるホテルにて、飼育している土佐犬が異様な叫び声をあげていた。気になった近所の土木作業員が駆け付けると、なんとホテルの土佐犬が巨大な鷲と戦っているではないか。犬を助けるため土木作業員は近くにあった丸太を投げつけて鷲と交戦したが、今度は土木作業員が鷲に襲われてしまった。そして騒ぎを聞きつけた近所の屋根職人も合流し、約30分にわたり鷲と戦い続けたという。

鷲は両翼を広げると7尺（212センチほど）、重さ15貫（56キロ）という大物だったが、無事に生け捕りにされた。その後、鷲は軍部へと献納された。

最大種「オオワシ」だと推測される

明治～昭和にかけての新聞紙面には、「大きい鷲と交戦した」という記事が数多く掲載されているが、代表してこちらのエピソードを紹介したい。この鷲は土佐犬1匹、人間2人と30分以上に渡り交戦し続けるなど高い戦闘力を誇っており、交戦した人間側も丸太を武器に戦いを挑むなど非常にアクティブな記録である。

鷲の種類は不明だが、日本における最大種であるオオワシ（翼開長220～250センチ）であろうか。生け捕りにされた鷲が軍部へと献納されたのは、当時の日本は日中戦争に伴う国家総動員法（あらゆる経済活動や国民生活を戦争遂行のため統制する法令）が施行されており、軍部に報告する義務があったからだと思われる。

品川の怪獣
植木職人宅で捕獲！

羽の生えた奇妙な生物

解説

1912年（明治45年）6月29日、東京品川に住む植木職人宅の庭で猫くらいの大きさの見慣れぬ怪獣が潜んでいるのが発見・捕獲された。この怪獣は全身茶褐色で、頭部はリスに似ており、耳は小さく、胴の長さは1尺5寸（約45センチ）、手足には羽のような膜が付いていた。姿はムササビに酷似しており、尾は胴に似合わず大きく、自分の首に巻き付けて睡眠をとる。夜は寝ずに暴れまわり、未明になると寝るという習性を持っていた。

大きさ✸ 1尺5寸（約45センチ）
重さ✸ 不明
目撃場所✸ 東京府荏原郡品川町大字北品川緒明横（東京都品川区北品川）
出典✸ 1912年7月5日「東京日日新聞」

品川で怪獣を生擒る

府下品川町大字北品川緒明横町の植木職長谷川□之助方にて去月二十九日午前四時頃庭の南の植木の小陰に茶鼠色の猫位の見馴れぬ怪獣の潜み居るを発見し取押へて飼養し居れるが此獣は全身茶褐色にて頭部は栗鼠の如く耳小にして胴の長さ一尺五寸四肢は連絡せる羽翼様の膜あり尾は胴に似合はず大にして長く昼間は尾の全部を頸に巻き附け睡眠し夕刻よりは夜を徹して暴れ狂ひ未明より眠り居りて鼯鼠に酷似せるものなりと

品川の怪獣を扱った新聞記事。かなり不鮮明だがムササビの特徴を捉えている（1912年7月5日東京日日新聞掲載）

野衾（鳥山石燕『今昔画図続百鬼』より）

「ムササビ」が怪獣扱いされた？

この怪獣は東京日日新聞では写真付きで掲載されている。記事に「ムササビに酷似している」と書かれているように、**顔の特徴や羽のような膜という点からムササビ（ニホンムササビ）と考えてまず間違いがない**（写真もムササビの特徴である側頭部の白い毛がしっかり写っている）。

なぜ、ムササビが怪獣扱いされたのか。それは捕獲場所が東京の品川であったことが大きい。ムササビの生息範囲は東京では八王子～奥多摩近辺のみで、**江戸の港町であった品川で見つかるのは大変に珍しかったため「怪獣が出た」と住民が騒ぎ出しニュースになったと考えられる。**

なお、ムササビやモモンガは江戸時代までは「野衾《のぶすま》」、また「飛倉《とびくら》」といった名称で妖怪扱いされていた。これはムササビが「夜行性である」「空を飛ぶネズミ」という点で、人間の目に触れる機会が極端に少なかったために生まれた誤認とされる。

ムササビを妖怪や怪獣だと誤認したケースは本件だけではなく複数記録されている。1900年（明治33年）3月23日の朝日新聞には、「怪物を獲（う）」という見出しで、顔はリスに似ており、身体は茶灰色、手足の間に羽翼に代用できる皮の付いた動物が東北地方で捕獲された。この動物については村の古老も名前を知らなかった、という記事が掲載されている。これら2パターンとも、普段は生息していない地域でムササビないしはモモンガが捕獲されたことによる**「怪奇動物化現象」**であることは、間違いないだろう。

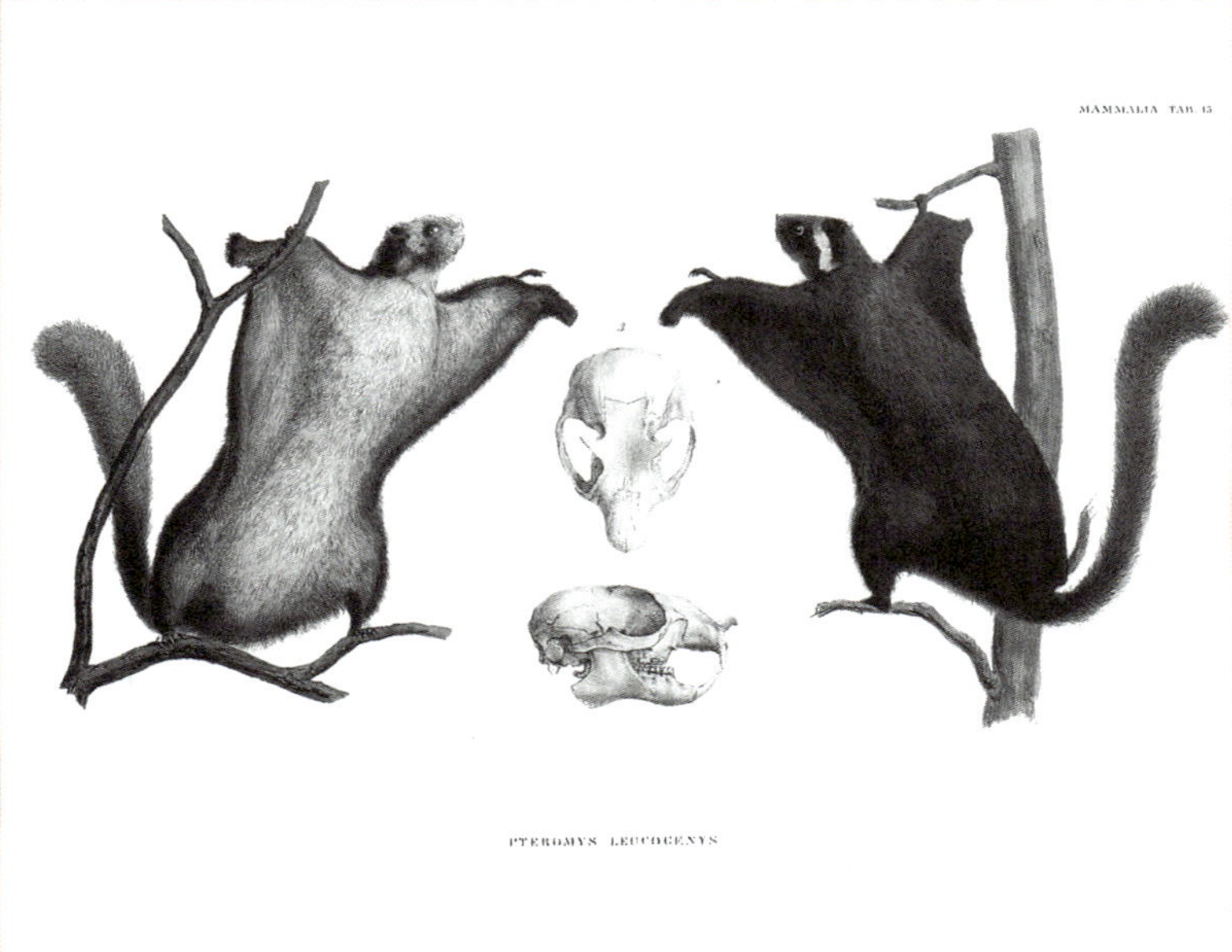

ムササビ

主要参考文献と参考サイト

明治期怪異妖怪記事資料集成（国書刊行会）
明治妖怪新聞（柏書房）
日本猟奇史（国書刊行会）
UMA事件クロニクル（彩図社）
未確認動物UMA大全（学研）
江戸幻獣博物誌（青弓社）
日本の怪獣・幻獣を探せ！（廣済堂出版）
ハクビシンの不思議（東京大学出版会）
東京を騒がせた動物たち（大和書房）
外来生物クライシス（小学館）
フィールドベスト図鑑「日本の哺乳類」（学研）
本当にいる日本・世界の「未知生物」案内（笠倉出版社）
新聞錦絵の世界（角川文庫）
マエオカテツヤの和歌山妖怪大図鑑（ニュース和歌山）　https://item.rakuten.co.jp/news-w/yokai/
山梨県立博物館
よろず～ニュース（神戸新聞社）　https://yorozoonews.jp/article/14934226
朝日新聞・読売新聞・毎日新聞
「徳之島のトクシー」　https://blogs.mbc.co.jp/showa/4355/
「鶏足寺」　https://keisokuji.jp/about/origin
※その他、多数の資料を参考にさせていただきました

妖怪でもUMAでもない？

怪奇動物図鑑

2025年2月27日 第1刷発行

著者✸穂積昭雪

発行人✸尾形誠規

編集人✸高木瑞穂

発行所✸株式会社鉄人社

〒162-0801 東京都新宿区山吹町332 オフィス87ビル3階

TEL✸03-3528-9801　FAX✸03-3528-9802

https://tetsujinsya.co.jp/

デザイン✸奈良有望

印刷・製本✸株式会社シナノ印刷

ISBN978-4-86537-291-5 C0039